쉽게 찾는 우리 약초

| 한방 편 |

현암사

쉽게 찾는 우리 약초 | 한방 편 |

초판 1쇄 발행 | 1998년 4월 30일
초판 16쇄 발행 | 2016년 2월 5일

지은이 | 김태정
펴낸이 | 조미현

펴낸곳 | (주)현암사
등록 | 1951년 12월 24일 · 제10-126호
주소 | 04029 서울시 마포구 동교로12안길 35
전화 | 365-5051 · 팩스 | 313-2729
전자우편 | editor@hyeonamsa.com
홈페이지 | www.hyeonamsa.com

ⓒ 김태정 · 1998

ISBN 978-89-323-0949-1 03480

한방 약초를 펴내면서

우리 나라는 뚜렷한 4계절과 비옥한 토질, 적당한 강수량과
대륙으로부터 내려오는 강한 기압 세력으로 인하여 많은 식물종이
번식하기에 적합하다. 이 식물들은 제각기 특이한 성분과 좋은
약효를 지니고 있어 예로부터 이들 중 우량종을 골라서 한방(韓方)에서
약(藥)으로 써 왔는데, 이를 전통 한방 생약(傳統韓方生藥)이라 한다.
옛 선조들께서는 우리 땅에 없는 외지의 약용 식물(藥用植物) 중
꼭 필요한 것은 수입하여 밭에 재배하였다. 오늘날에는 이들도
생약재(生藥材)로 널리 쓰이게 되었다.
이처럼 우리 나라의 약용 식물은 그 종류가 많을 뿐 아니라
오랜 세월이 지나는 동안 같이 자라고 같이 쓰인 관계로 오늘날에는
어느것이 토종 약초(土種藥草)이고 어느것이 외지에서 들여온 약초인지
구분조차 불분명할 정도이다. 그러다보니 막연히 우리 땅에 자라기만
하면 토종 약초라 부르고 있는 실정이다. 여기에 수입 약재까지
범람하여 진짜와 가짜의 구별조차 어려운 지경에 이르렀다.
또한 전통 한방 약초는 그 무리 중에서 가장 성분이 우수한 것을
골라서 써야 하는데도 성분이 떨어지는 변이종(變異種)이 쓰이는
경우도 있다. 이러한 점을 인식하고 『대한약전(大韓藥典)』의
한약(漢藥) 즉 생약(生藥) 규격집에 명시된 약용 식물을 대상으로
우선 초본류(草本類)만 골라서 식물(植物)과 약재(藥材)의 실제 사진을
배열하여 약용 식물을 쉽게 구별하고 찾아 쓸 수 있도록 검색 도감
형식으로 꾸몄다.
필자는 이 작은 책이 지금까지 잘못 알려져 있던 약초를 바로잡고
한방 약초를 제대로 이해하는 데 도움을 주어 한의(韓醫) 전문 의료인과
한방(韓方) 연구자, 나아가 학생, 일반인에게도 우리의 전통 생약
(生藥)을 바로 이해하는 계기를 마련하기 바라는 바이다.

1998년 4월

김태정

●일러두기

1. 이 책에는 모두 169종의 한방 약초를 꽃색에 따라
   '흰색', '노란색', '녹색', '붉은색' 으로 구분하여 실었다.
2. 약초에 대한 정보로 과명, 학명, 속명, 분포지, 높이, 생육상,
   개화기, 꽃색, 결실기, 용도, 효능을 실었다.
3. 먼저 한방 약초 이름을 한자와 함께 표기한 후 식물 이름을 적었다.
   예) 관동화(款冬花) - 머위
4. 같은 속(屬)에 속하여 동일약(同一藥)으로 쓰이는
   동속근연식물(同屬近緣植物)과 동속식물(同屬植物)이 있는 경우에는
   다음과 같이 하였다.
   ① 사진이 있는 경우, 오른쪽 페이지에 설명과 함께 실었다.
   ② 사진이 없는 경우, * 표시를 하고 실었다.
   예)*동속식물/소엽맥문동
     *그 외 동속식물/털백미꽃
5. 효능은 『대한식물도감』(이창복), 『한국의 자원식물』(김태정)을
   인용하였으며, 전문적인 부분은 『대한약전』(지형준 · 이상인)을
   참고하였다.
6. 찾아보기는 식물 이름과 약 이름을 구분하여 실었다.
7. 이 책을 보기 전에 일러두기를 반드시 참고한다.

차 례

흰색

전호

강활(羌活)-강활

미나리과
Ostericum Koreanum (MAX.) KITAGAWA.

속명/강청(羌青) · 조선강활(朝鮮羌活) · 대치산근(大齒山芹) · 강호리
분포지/남부 · 중부 · 북부 지방의 산골짜기 계곡
높이/2m 안팎
생육상/여러해살이풀
개화기/8~9월
꽃색/흰색
결실기/10월
특징/줄기가 굵으며 우산 모양의 꽃차례(花序)가 달린다.
용도/약용

효능

땅속의 굵은 뿌리를 해열(解熱) · 구풍(驅風) · 진통(鎭痛) · 진경(鎭痙) ·
백절풍(百節風) · 중풍(中風) · 치통(齒痛) 등의 약으로 쓴다.
발한해열(發汗解熱) · 진통(鎭痛) · 항균(抗菌) 작용

괄루인(栝蔞仁)-하늘타리

외과
Trichosanthes Kirlowii MAX.

열매

속명/괄루근(栝蔞根) ·
과루인(瓜蔞仁) ·
천화분(天花粉) ·
괄루(栝蔞) · 과루(瓜蔞) ·
고과(苦瓜) · 약과(藥瓜) ·
야고과(野苦瓜) ·
하늘수박 · 쥐참외
분포지/중부 이남 ·
남부 지방의 집 근처
숲 가장자리
높이/3~5cm 정도
생육상/여러해살이풀
개화기/7~8월
꽃색/흰색
결실기/10월
특징/땅속에 고구마 같은
덩이 뿌리(塊莖)가 있다.
덩굴성 식물
용도/식용 · 공업용 · 약용

노랑하늘타리 *Trichosanthes Kirilowii var. Japonica* KITAMURA.

남부 및 다도해 섬 지방의 산과 들에 자라는 여러해살이 덩굴 식물이다.
길이 5m 안팎까지 뻗어 나가고 땅속에 큰 덩이 뿌리가 있다.
7~8월에 흰 꽃이 피고 10월에 열매가 열린다.

효능

뿌리, 씨, 열매 껍질을 타박상(打撲傷) · 어혈(瘀血) · 창종(瘡腫) ·
당뇨(糖尿) · 해열(解熱) · 해수(咳嗽) · 최유(催乳) · 중풍(中風) ·
유두염(乳頭炎) · 복풍(腹風) · 적백리(赤白痢) · 황달(黃疸) ·
결핵(結核) · 산열(疝熱) · 피부병(皮膚病) · 객혈(喀血) · 기침 ·
젖 나는 약으로 쓴다.
소염(消炎) · 거담(祛痰) · 사하(瀉下) · 항균(抗菌) · 항암(抗癌) 작용

관동화(款冬花)-머위

국화과
Petasites japonicus (S. et Z.) MAX.

14

꽃

속명/봉두엽(蜂斗葉) ·
봉두채(蜂斗菜) ·
사두초(蛇斗草) ·
봉즙채(蜂汁菜)
분포지/제주도 · 남부 ·
중부 지방의 집 근처
습기 있는 언덕
높이/5~45cm
생육상/여러해살이풀
개화기/2~4월
꽃색/녹색이 도는 흰색
결실기/5~6월
특징/땅속 줄기(地下莖)가
사방으로 뻗으며 번식한다.
용도/식용 · 관상용 · 약용

효능

풀 전체 및 꽃봉오리를
창종(瘡腫) · 보신(補腎) ·
건위(健胃) · 수종(水腫) ·
보비(補脾) · 진정(鎭靜) ·
안안(安眼) · 이뇨(利尿) ·
식욕촉진(食慾促進) ·
건정신(健精神) ·
풍습(風濕) 등의 약으로
쓴다. 진해(鎭咳) 작용

구자(韮子)–부추

백합과
Allium tuberosum ROTH.

속명/가구자(家韮子) · 구(韮) · 구채(韮菜) · 홍회(鴻薈) · 구채자(韮菜子) ·
솔 · 정구지
분포지/각지의 농가에서 채소로 재배한다. 중국 원산
높이/30~40cm · 개화기/7~8월 · 결실기/10월
생육상/여러해살이풀
꽃색/흰색
특징/비늘 줄기(鱗莖)의 겉이 섬유(纖維)로 덮인다. 방향성 식물
용도/식용 · 약용

효능

풀 전체 및 씨를 진통(鎭痛) · 해독(解毒) · 하리(下痢) ·
후종(喉腫) · 몽정(夢精) · 건위(健胃) · 정장(整腸) ·
심장염(心臟炎) · 화상(火傷) 등의 약으로 쓴다.
유정(遺精) · 유뇨(遺尿)에 응용

꽃

녹제초(鹿蹄草)–노루발풀

노루발풀과
Pyrola japonica KLENZE.

속명/파혈단(破血丹) · 동녹(冬錄) · 일본녹제초(日本錄蹄草)

분포지/각지의 산 숲속 그늘

높이/15~30cm

생육상/여러해살이풀

개화기/6~7월

꽃색/ 흰색

결실기/9월

특징/뿌리 줄기(根莖)가 길게 옆으로 뻗는다. 상록성 식물

용도/관상용 · 약용

효능

풀 전체를 이뇨(利尿) · 방부(防腐) · 충독(蟲毒) · 수렴(收斂) ·
각기(脚氣) · 절상(切像) 등의 약으로 쓴다. 이뇨(利尿) 작용

*동속식물/분홍노루발풀, 애기노루발풀

대산(大蒜)-마늘

백합과
Allium sativum for. pekinense MAKINO.

꽃

속명/천사호(天師葫)·
택산(澤蒜)·호산(葫蒜)·
산(蒜)·백피산(白皮蒜)
분포지/밭에 재배한다.
아시아 서부 원산
높이/60cm 안팎
생육상/여러해살이풀
개화기/7월
꽃색/노란빛 도는 흰색
결실기/9월
특징/비늘 줄기(鱗莖) 속에
소인경(小鱗莖)이 있다.
방향성 식물
용도/식용·공업용·약용

효능

소인경을 구충(驅蟲)·
이뇨(利尿)·강장(强壯)·
곽란(癨亂)·해독(解毒)·
소화(消化)·건위(健胃)·
풍습(風濕)·창감(瘡疳)·
충독(蟲毒)·진통(鎭痛)·
강심(强心)·진정(鎭靜)·
건뇌(健腦) 등의 약으로
쓴다. 항진균(抗眞菌)·
항균(抗菌) 작용

구절초(九折草)–구절초

국화과
Chrysanthemum Zawadskii var. latilobum KITAMURA.

속명/선모초(仙母草) · 시베리아국
분포지/각지의 산과 들 길가 초원이나 산기슭
높이/50cm 안팎
개화기/8~9월 · 결실기/10~11월
생육상/여러해살이풀
꽃색/흰색
특징/땅속 줄기(地下莖)가 옆으로 뻗으며 번식한다.
용도/관상용 · 약용

효능

풀 전체 말린 것을 건위(健胃) · 신경통(神經痛) ·
보익(補益) · 정혈(淨血) · 식욕촉진(食慾促進) ·
중풍(中風) · 강장(强壯) · 부인병(婦人病) ·
보온(保溫) 등의 약으로 쓴다.

꽃

산구절초 *Chrysanthemum Zawadskii* HERBICH.

각지의 높은 산에서 대개는 군락을 이루고 자란다.
높이 10~60cm이며 8~9월에 흰색 꽃이 피고 10월에 씨가 익는다.

바위구절초 *Chrysanthemum Zawadskii var. alpinum* KITAMURA.

백두산의 고원지 및 고산 지대에 자생하는 고산 식물이다.
높이 20cm 안팎으로 8~9월에 흰색, 연한 자주색, 연한 붉은색 꽃이 피고
10월에 씨가 익는다.

백미(白薇)-민백미꽃

박주가리과
Cynanchum ascyrifolium
(FR. et SAV.) MATSUMURA.

20

속명/망초(芒草) ·
향백미(香白薇) ·
조풍초(潮風草) ·
흰백미꽃 · 백전(白前)
분포지/각지의 깊은 산
초원
높이/30~60cm
생육상/여러해살이풀
개화기/5~8월
꽃색/흰색
결실기/10월
특징/원줄기를 자르면
흰색의 유액(乳液)이
나오며 땅속에 굵은
수염뿌리가 있다.
용도/약용

효능

뿌리를 부인병(婦人病) ·
중풍(中風) · 익정(益精) ·
금창(金瘡) · 지혈(止血) ·
한열(寒熱) · 이뇨(利尿) ·
부종(浮腫) · 해열(解熱) ·
기침 등의 약으로 쓴다.
해열(解熱) · 이뇨(利尿)
작용

백미꽃
Cynanchum atratum BUNGE.

각지의 깊은 산 초원에서
자란다. 높이 50cm 안팎으로
5~7월에 검은빛 도는
자주색의 꽃이 핀다.

산해박
Cynanchum paniculatum KITAGAWA.

각지의 산과 들 초원에서
자란다. 높이 60cm 안팎이고
땅속에 굵은 수염뿌리가
있다. 8~9월에 노란빛이
도는 연한 갈색의 꽃이 핀다.

*그 외 동속식물/털백미꽃

부평 (浮萍)-개구리밥

개구리밥과
Spirodela polyrhiza (L.) SCHLEID.

22

속명/자배부평(紫背浮萍)·
자평(紫萍)·수평(水萍)·
다근부평(多根浮萍)·
자배(紫背)·머구리밥
분포지/전국의 들녘
논이나 연못의 물위
높이/5~6mm
생육상/여러해살이풀
개화기/7~8월
꽃색/흰색
결실기/10월
특징/식물체(植物體)가
잎 모양으로 둥글고
뒷면은 자주색이다.
물위에 떠다니기 때문에
자배부평이라 한다.
용도/관상용·약용

좀개구리밥 *Lemna paucicostata* HEGELM.

각지의 논이나 연못 등지의 물위에 떠서 자라는 여러해살이풀이다.
넓은 타원형으로 잎같이 생겼으며 8월에 흰꽃이 피고 개구리밥과
같은 형태로 번식한다.

효능

풀 전체 말린 것을 지갈(止渴) · 충독(蟲毒) · 수독(水毒) ·
양모(羊毛) · 이뇨(利尿) · 당뇨병(糖尿病) · 임질(淋疾) · 창종(瘡腫) ·
화상(火傷) · 강장(强壯) · 발한(發汗) · 해독(解毒) 등의 약으로 쓴다.
해열(解熱) · 이뇨(利尿) 작용

상륙(商陸)-자리공

상륙과
Phytolacca esculenta V. HOUTTE.

열매

속명/장불로(長不老) ·
당륙(當陸) · 장유(章柳) ·
도수연(倒水蓮) · 장녹 ·
산라복(山蘿卜) ·
왕모우(王母牛) ·
토계모(土鷄母)
분포지/전국의 집 근처
빈터 및 숲 가장자리
높이/100cm 안팎
생육상/여러해살이풀
개화기/5~8월
꽃색/흰색
결실기/8~9월
특징/꽃이삭이 위로
곧게 서고 뿌리가
비대(肥大)해진다.
유독성 식물
용도/관상용 · 약용

미국자리공 *Phytolacca americana* LINNE.

북아메리카 원산으로 약초 자원으로 들여와 밭에 심던 것이
야생상(野生狀)으로 퍼져 나가 자라는 한해살이풀이다.
유독성 식물로 높이 1∼1.5m이고 줄기는 붉은빛 도는 자주색이며
6~9월에 흰색의 꽃이 핀다.

효능

뿌리를 수종(水腫)·이뇨(利尿)·하리(下痢)·신장염(腎臟炎)
등의 약으로 쓴다. 이뇨(利尿)·사하(瀉下) 작용

사상자(蛇床子)—사상자

미나리과
Torilis japonica (HOUTT.) DC.

속명/사미(蛇米) · 파자초(破子草) · 학슬(鶴虱) · 절의(竊衣) ·
뱀도랏 · 배암도랏
분포지/전국의 산과 들 습기 있는 초원
높이/30~70cm
생육상/두해살이풀
개화기/6~8월
꽃색/흰색
결실기/9~10월
특징/열매에 가시 같은 털이 있어 다른 물체에 잘 붙는다.
방향성 식물
용도/식용 · 약용

효능

잘 익은 열매를 복통(腹痛)·파상풍(破傷風)·발한(發汗)·골통(骨痛)·
채물중독(菜物中毒)·음양(陰陽)·지이(止痢)·치통(齒痛)·풍질(風疾)·
통변(通便)·백적대하증(白赤帶下症)·자궁한냉(子宮寒冷)·요통(腰痛)·
해수(咳嗽)·자궁염(子宮炎)·관절염(關節炎)·탈항(脫肛) 등의 약으로
쓴다. 항진균(抗鎭菌)·구충(驅蟲)·성(性) 호르몬 유사(類似) 작용

동규자(冬葵子)-아욱

무궁화과
Malva verticillata LINNE.

28

꽃

속명/활규자(滑葵子)·
채원금규(菜園錦葵)·
규(葵)·로규(露葵)
분포지/농가에서 흔히
밭에 재배한다. 북부 온대
및 아열대 원산
높이/60~90cm
생육상/한해살이풀
개화기/6~8월
꽃색/연한 분홍색
결실기/10월
특징/원형에 가까운
잎은 잎자루가 길다.
용도/식용·약용

효능

씨를 오림(五淋)·
최유(催乳)·적체(積滯)·
이뇨(利尿)·완하(緩下)
등의 약으로 쓴다.
이뇨(利尿)·최유(催乳)·
통변(通便) 작용

석곡(石斛)-석곡

난초과
Dendrobium moniliforme (L.) SW.

속명/금석곡(金石斛)·임란(林蘭)·두란(杜蘭)·세경석곡(細莖石斛)

분포지/제주도 및 남부·다도해 섬 지방의 산

높이/20cm 안팎

생육상/여러해살이풀

개화기/5~6월

꽃색/흰색, 연한 붉은색

결실기/9월

특징/뿌리 줄기(根莖)에서 굵은 뿌리가 돋아난다. 상록성 식물

용도/관상용·약용

효능

풀 전체 또는 지상부 줄기 말린 것을 활신(活腎)·소염(消炎)·

강장(强壯)·음위(陰萎)·도한(盜汗)·수종(水腫)·요통(腰痛)·

건위(健胃) 등의 약으로 쓴다. 해열(解熱)·진통(鎭痛)·건위(健胃) 작용

왕불류행(王不留行) - 장구채

석죽과
Melandryum firmum (S. et Z.) ROHRB.

속명/불류행(不留行) · 왕불류(王不留) · 류행자(留行子) ·
견경여루채(堅硬女蔞菜)
분포지/전국의 산과 들 대개 낮은 곳의 길가 초원
높이/30~80cm
생육상/두해살이풀
개화기/7~9월
꽃색/흰색
결실기/9~10월
특징/곧게 자라고 털이 없으며, 작은 꽃받침통이
열매가 된다. 모양이 장구채 같다 하여 이름 붙여졌다.
용도/식용 · 약용

갯장구채 *Melandryum oldhamianum for. roseum* NAKAI.

남부 지방의 바닷가에 자라는 두해살이풀이다. 전체에 털이 있고
원줄기와 더불어 가지가 갈라진다. 높이 50cm 안팎으로
5~6월에 연한 분홍색 꽃이 피고 8월에 열매가 익는다.

효능

씨 및 지상부 줄기와 잎, 열매 말린 것을 두비(頭痺) · 해열(解熱) ·
금창(金瘡) · 악창(惡瘡) · 통경(通經) · 난산(難産) · 종독(腫毒) ·
임질(淋疾) · 이질(痢疾) · 풍습(風濕) · 정혈(靜血) · 최유(催乳) ·
진통(鎭痛) · 지혈(止血) 등의 약으로 쓴다.
최유(催乳) · 통경(通經) · 소종(消腫) · 지통(止痛) 작용

*그 외 동속근연식물/털장구채, 말뱅이나물

와송(瓦松)-바위솔

돌나물과
Orostachys japonicus A. BERGER.

속명/작엽하초(昨葉荷草) · 와상(瓦霜) · 옥상무근초(屋上無根草) ·
와연화(瓦蓮花) · 일본와송(日本瓦松) · 와화(瓦花) · 지붕지기
분포지/전국의 산 바위 곁이나 오래된 산사(山寺)의 기와 지붕
높이/30cm 안팎
개화기/9~10월
생육상/여러해살이풀
꽃색/흰색
결실기/10~11월
특징/풀잎이 선인장처럼 육질(肉質)이고 열매를 맺으면 죽는다.
기와 지붕에 잘 자란다 하여 와송이라 한다.
용도/관상용 · 약용

둥근바위솔 *Orostachys malacophyllus* FISCH.

각지의 바닷가 모래땅이나 바위 곁에 붙어 자라는 여러해살이풀이다.
높이 30cm 안팎으로 9~12월에 흰색 꽃이 피고 10~12월에
열매가 익는다.

효능

풀 전체 말린 것을 강장(强壯) · 습진(濕疹) 등의 약으로 쓴다.
해열(解熱) 작용

용규(龍葵)–까마중

가지과
Solanum nigrum LINNE.

속명/용규초(龍葵草) · 야해초(野海椒) · 고규(苦葵) · 까마종 ·
용안초(龍眼草) · 흑성성(黑星星) · 감태 · 까마종이 · 깜뚜라지
분포지/전국의 낮은 곳 집 근처 및 텃밭 등지
높이/20~90cm
생육상/한해살이풀
개화기/5~10월
꽃색/흰색
결실기/8~11월
특징/가지가 옆으로 퍼지고 원줄기에 능선이 있다.
까만색의 열매가 많이 달리는 데서 까마중이라 한다.
유독성 식물
용도/식용 · 약용

효능

풀 전에 말린 것을 학질(瘧疾) · 신경통(神經痛) · 이뇨(利尿) ·
진통(鎭痛) · 간장병(肝臟病) · 종기(腫氣) · 탈항(脫肛) · 부종(浮腫) ·
대하증(帶下症) · 좌골신경통(坐骨神經痛) 등의 약으로 쓴다.
소염(消炎) · 혈당저하(血糖低下) · 진해(鎭咳) · 거담(祛痰) ·
중추신경흥분(中樞神經興奮) · 혈액응고저지(血液凝固沮止) 작용

위유(萎蕤)-둥굴레

백합과
Polygonatum odoratum var. pluriflorum OHWI.

뿌리

속명/옥죽(玉竹) ·
비옥죽(肥玉竹) ·
령당채(鈴鐺菜) ·
산포미(山苞米) ·
산영자초(山鈴子草) ·
등룡채(燈龍菜) ·
산옥죽(山玉竹) ·
옥죽황정(玉竹黃精) ·
황정(黃精) · 조위(鳥萎)
분포지/전국의 산과 들
대개는 숲속 그늘
높이/30~60cm
생육상/여러해살이풀
개화기/6~7월
꽃색/윗부분은 흰색,
밑부분은 녹색
결실기/9~10월
특징/원줄기에 여섯 줄의
능각(稜角)이 있고 끝이
밑으로 활처럼 휜다.
땅속 뿌리 줄기(根莖)는
굵고 옆으로 뻗으며
번식한다.
용도/식용 · 관상용 · 약용

층층둥굴레 *Polygonatum stenophyllum* MAXIM.

중부 · 남부 지방의 산 숲속에서 자라며 근래에는 농가에서
재배하기도 하는 여러해살이풀이다. 풀잎이 여러 개씩 층을 이루고
자라고 땅속의 뿌리 줄기는 둥굴레처럼 굵으며 옆으로 뻗는다.
높이 30~90cm이고 6~7월에 흰색 꽃이 핀다.

효능

뿌리 줄기를 폐염(肺炎) · 안오장(安五臟) · 폐창(肺瘡) · 강심(强心) ·
자양(滋養) · 강장(强壯) · 당뇨(糖尿) · 장생(長生) · 명안(明眼) ·
풍습(風濕) 등의 약으로 쓴다. 강심(强心) · 통변(通便) 작용

*그 외 동속근연식물/산둥굴레, 큰둥굴레, 왕둥굴레

식방풍(植防風)—갯기름나물

미나리과
Peucedanum japonicum THUNB.

속명/남사삼(南沙參) · 일본전호(日本前胡) · 방규(防葵) · 갯기름
분포지/제주도 · 울릉도 · 남부 · 중부 지방의 바닷가 바위틈
높이/60~100cm
생육상/여러해살이풀
개화기/6~8월
꽃색/흰색
결실기/9~10월
특징/잎자루가 길고 뿌리가 굵으며 목 부분에 섬유(纖維)가 있다.
용도/식용 · 약용

효능

뿌리를 풍사(風邪) · 골통(骨痛) · 정력(精力) · 도한(盜汗) ·
식중독(食中毒) · 대하증(帶下症) 등의 약으로 쓴다.
거담(祛痰) · 강심(强心) · 항진균(抗眞菌) 작용

은시호(銀柴胡)-대나물

석죽과
Gypsophila oldhamiana MIQ.

꽃

속명/하초(霞草) ·
사석죽(絲石竹) ·
산말책(山螞蚱) ·
말책채(螞蚱菜) ·
토자자음(兎子自音) ·
마디나물 · 대나물풀 ·
구석두화(歐石頭花) ·
마생채(馬生菜)
분포지/남부 · 중부 ·
북부 지방의 산과 들
높이/50~100cm
생육상/여러해살이풀
개화기/6~8월
꽃색/흰색
결실기/10월
특징/땅속의 뿌리가 굵고
전체에 털이 없다. 잎과
마디가 대나무 같아
대나물이라 한다.
용도/식용 · 약용

효능

뿌리 줄기(根莖)를
거담(祛痰) 등의 약으로
쓴다. 해열(解熱) 작용

임자(荏子)-들깨

꿀풀과
perilla frutescens var. japonica HARA.

꽃

속명/백소자(白蘇子) ·
옥소자(玉蘇子) ·
일본자소(日本紫蘇) ·
자소(紫蘇) · 임(荏)
분포지/각지의 농가에서
재배한다. 동아시아 및
중국 원산
높이/60~90cm
생육상/한해살이풀
개화기/8~9월
꽃색/흰색
결실기/10월
특징/줄기가 네모지고
곧게 자라며 가지가
갈라진다. 방향성 식물
용도/식용 · 공업용 · 약용

효능

씨와 씨를 짜낸 기름을
강장(强壯) · 해수(咳嗽) ·
소화(消化) · 충독(蟲毒) ·
음종(陰腫) · 해독(解毒)
등의 약으로 쓴다.
소염(消炎) · 윤폐(潤肺) ·
관장(寬腸) 등의 효능

전호(前胡)-전호

미나리과
Anthriscus sylvestris HOFFM.

속명/누전호(嫩前胡) ·
임아삼(林峨參) · 털전호 ·
개백록(凱白勒)
분포지/전국의 깊은 산
숲 가장자리의
습기 있는 곳
높이/100cm 안팎
생육상/여러해살이풀
개화기/5~6월
꽃색/흰색
결실기/8월
특징/땅속 뿌리가 굵다.
용도/식용 · 약용

효능

뿌리를 통경(通經) ·
진통(鎭痛) · 해열(解熱) ·
진정(鎭靜) 등의
약으로 쓴다.
관상동맥혈류량증가
(冠狀動脈血流量增加) ·
거담(祛痰) · 진정(鎭靜)
작용

촉규화(蜀葵花)－접시꽃

무궁화과
Althaea rosea CAV.

열매

속명/촉계화(蜀季花)·
설기화(舌基花)·
일장홍(一丈紅)·
마간화(麻杆花)·
과목화(果木花)·
대근화(大槿花)·
기단화(棋盤花)·
단오금(端午錦)·
촉규근(蜀葵根)·덕두화
분포지/관상용으로
흔히 심는다. 중국 원산
높이/200cm 안팎
생육상/두해살이풀
개화기/6~8월
꽃색/흰색, 붉은색 등
결실기/10월
특징/원줄기는 털이
있고 둥글다.
용도/관상용·약용

효능

흰꽃의 뿌리를 완하
(緩下) 등의 약으로 쓴다.
화혈윤조(和血潤燥)·
통리이변(通利二便)의
효능

한련초(旱蓮草)–한련초

국화과
Eclipta prostrata LINNE.

속명/묵한련(黑旱蓮)·
례장(鱧腸)·묵초(黑草)·
수봉선초(水鳳仙草)·
묵채(黑菜)·한연풀·
조심초(鳥心草)·하연초·
묵두초(黑頭草)
분포지/전국의 들녘
논둑이나 습기 있는 곳
높이/10~60cm
생육상/한해살이풀
개화기/8~9월
꽃색/흰색
결실기/10월
특징/가지가 여러 개
갈라지고 전체에
강모(剛毛)가 있다.
용도/약용

효능

풀 전체를 진통(鎭痛)·
종기(腫氣)·충독(蟲毒)·
지혈(止血)·혈분치료
(血糞治療)의 약으로 쓴다.
수렴(收斂)·소염(消炎)·
강장(强壯)·항균(抗菌)
작용

토사자(菟絲子)-실새삼

메꽃과
Cuscuta australis R. BR.

속명/금사초(金絲草)·
구주토사자(歐洲菟絲子)·
토사등(菟絲藤)
분포지/전국의 산과 들
대개 낮은 지대 길가의
초원
높이/길이 150cm 안팎
생육상/한해살이풀
개화기/7~9월
꽃색/흰색
결실기/9~10월
특징/비늘 같은 잎이
드문드문 있고, 실 같은
줄기가 다른 식물에
뿌리를 내리고 양분을
흡수하는 기생 식물이다.
용도/식용·약용

새삼 *Cuscuta japonica* CHOIS.

전국의 낮은 지대 숲 가장자리 나무에 뿌리를 박고 자라는 한해살이풀로
기생 식물이자 덩굴 식물이다. 길이 200cm 안팎이며, 원줄기는 철사 같고
노란빛이 도는 적색으로 털이 없다. 8~9월에 흰색 꽃이 피고 10월에
씨가 익는다.

효능

씨를 미용안면(美容顏面) · 면창(面瘡) · 익기(益氣) · 구창(口瘡) ·
요통(腰痛) · 장모(長毛) · 요혈(尿血) · 치질(痔疾) · 강정(强精) ·
강장(强壯) 등의 약으로 쓴다.
보신고정(補腎固精) · 양간명목(養肝明目)의 효능

패장(敗醬) - 뚝갈

마타리과
Patrinia villosa (THUNB.) JUSS.

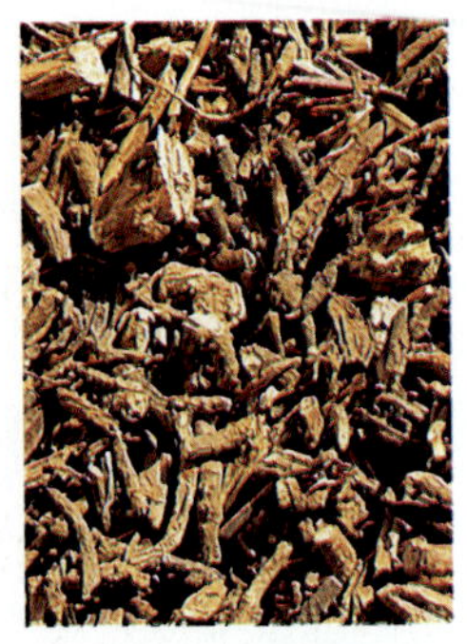

속명/녹장근(鹿醬根) ·
백화패장(白花敗醬) ·
석남(石南) · 뚜깔 ·
석남엽(石南葉) ·
연지마(胭脂麻)
분포지/전국의 산과 들
양지 바른 곳
높이/100cm 안팎
생육상/여러해살이풀
개화기/7~9월
꽃색/흰색
결실기/11월
특징/흰털이 많고
밑에서 뻗는 가지가
자라며 번식한다.
뿌리에서 된장 썩은
냄새가 나기 때문에
패장이라 한다.
용도/식용 · 관상용 · 약용

마타리 *Patrinia scabiosaefolia* FISCH.

전국의 산과 들 양지 바른 초원에서 자라는 여러해살이풀이다.
높이 60~150cm이고 땅속의 뿌리와 줄기는 굵으며
7~9월에 노란색 꽃이 핀다.

효능

뿌리를 부종(浮腫) · 풍비(風痺) · 산후제병(産後諸病) ·
종기(腫氣) · 화상(火傷) · 치질(痔疾) 등의 약으로 쓴다.
항균(抗菌) 작용

호이초(虎耳草)-바위취

범의귀과
Saxifraga stolonifera MEERB.

속명/석하초(石荷草) · 선호이초(鮮虎耳草) · 등이초(澄耳草) ·
석하엽(石荷葉) · 금사하엽(金絲荷葉) · 동이초(疼耳草) ·
왜호이초(矮虎耳草) · 범의귀
분포지/중부 이남 지방의 그늘지고 습한 곳
높이/20~40cm · 개화기/5월 · 결실기/9월
생육상/여러해살이풀
꽃색/흰색
특징/전체에 붉은빛 도는 갈색의 긴 털이 있다. 상록성 식물
용도/식용 · 관상용 · 약용

효능

풀 전체를 생즙(生汁)을 내어 보익(補益) · 백일해(百日咳) ·
종처(腫處) · 화상(火傷) · 동상(凍傷) 등에 약으로 쓴다.
청열해독(淸熱解毒) 작용

호장근(虎杖根)-호장근

여뀌과
Reynoutria elliptica (KOIDZ.) MIGO.

49

새순

속명/반홍근(斑紅根)·
고장(苦杖)·반장(斑杖)·
화반죽근(花斑竹根)·
호장(虎杖)·범승아·
까치수염·범싱아
분포지/전국의 산과 들
낮은 곳의 숲 가장자리
높이/100cm 안팎
생육상/여러해살이풀
개화기/6~8월
꽃색/흰색
결실기/9월
특징/대개 군집(群集)을
이루며, 원줄기는 옆으로
비스듬히 자란다.
용도/식용·관상용·
밀원용·약용

효능

뿌리 줄기(根莖)를
이뇨(利尿)·완하(緩下)·
통경(通經)·보익(補益)·
진정(鎭靜) 등의 약으로
쓴다. 완하(緩下)·이뇨
(利尿)·통경(通經) 작용

*동속식물/왕호장

택란(澤蘭)–쉽싸리

꿀풀과
Lycopus ramosissimus var. japonicus KITAMURA.

속명/수향(水香)·지과아묘(地瓜兒苗)·지삼(地參)·소승마(小升麻)·
지통자(地筒子)·지원자(地源子)·별갑우(別甲藕)·개조박이
분포지/전국의 산과 들 대개는 골짜기의 습기 있는 곳
높이/100cm 안팎
개화기/7~8월·결실기/10월
생육상/여러해살이풀
꽃색/흰색
특징/줄기에 흰털이 있고, 땅속 줄기(地下莖)는 백색으로 굵다.
용도/식용·약용

효능

꽃이 피기 직전의 성숙한 줄기와 잎을 이뇨(利尿)·해열(解熱)·부종(浮腫)·
토혈(吐血)·생기(生肌)·종기(腫氣)·익정(益精)·요통(腰痛)·두풍(頭風)
등의 약으로 쓴다. 활혈거어(活血祛瘀)·통경(通經) 등의 효능

황정(黃精)-진황정

백합과
Polygonatum falcatum A. GRAY.

속명/제황정(制黃精) · 겸엽황정(鎌葉黃精) · 왜황정(矮黃精) · 댓잎둥굴레
분포지/제주도 · 울릉도 · 남부 · 중부 지방의 산숲 가장자리
높이/50~80cm
생육상/여러해살이풀
개화기/5월
꽃색/녹색 도는 흰색
결실기/9월
특징/원줄기가 둥글며 끝이 비스듬히 자란다.
용도/식용 · 관상용 · 약용

효능

뿌리 줄기를 풍습(風濕) · 폐염(肺炎) · 나창(癩瘡) · 강심(强心) · 명안(明眼) · 안오장(安五臟) 등의 약으로 쓴다. 항균(抗菌) · 자양강장(滋養强壯) · 죽상동맥경화방지(粥狀動脈硬化防止) · 항결핵(抗結核) 작용

방풍(防風)—방풍

미나리과
Ledeburiella seseloides (HOFFM.) WOLFF.

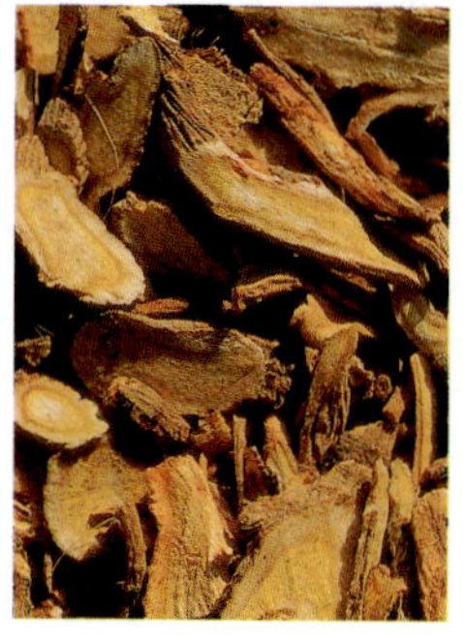

속명/청방풍(靑防風) ·
관방풍(關防風) ·
진방풍(眞防風) ·
산방풍(山防風)
분포지/제주도 · 중부 ·
북부 지방의 산과 들
높이/100cm 안팎
생육상/여러해살이풀
개화기/7~8월
꽃색/흰색
결실기/10월
특징/가지가 많이
갈라지고 전체에
털이 없다.
용도/식용 · 약용

갯방풍 *Glehnia littoralis* FR. SCHM.

해방풍(海防風) · 빈방풍(濱防風)이라 하며 각지의 바닷가 모래땅에
자라는 여러해살이풀이다. 높이 5~20cm 정도로 노란색의
굵은 뿌리가 땅속 깊이 들어가며 전체에 흰털이 있다.
6~7월에 흰색 꽃이 피며 9월에 열매가 익는다.

효능

2년생 뿌리 줄기(根莖)를 관절염(關節炎) · 사기(邪氣) · 골통(骨痛) ·
도한(盜汗) · 해열(解熱) · 진통(鎭痛) · 풍질(風疾) · 백열(百熱) ·
식중독(食中毒) · 감기(感氣) · 두통(頭痛) · 발한(發汗) · 거담(祛痰)
등의 약으로 쓴다.
발한(發汗) · 해열(解熱) · 진통(鎭痛) · 이뇨(利尿) 작용

흑지마(黑脂麻)-참깨

참깨과
Sesamum indicum LINNE.

꽃

속명/흑호마(黑胡麻) ·
호마(胡麻) · 지마(芝麻) ·
참깨씨
분포지/주요 작물로
재배한다.
인도 및 이집트 원산
높이/100cm 안팎
생육상/한해살이풀
개화기/7~8월
꽃색/연한 자줏빛이
도는 흰색
결실기/10월
특징/흰색, 검은색,
노란색의 씨가 있으며,
원줄기는 네모지고
잎과 더불어 연한 털이
많이 난다.
용도/식용 · 공업용 ·
밀원용 · 약용

효능

검은 씨를 자양강장(滋養强壯) · 창종(瘡腫) · 양모(養毛) · 해독(解毒) ·
신경쇠약(神經衰弱) · 최산(催産) · 견골(堅骨) · 진통(鎭痛) · 화상(火傷) ·
치통(齒痛) · 사지산통(四肢酸痛) · 고혈압(高血壓) · 동맥경화(動脈硬化) ·
당뇨병(糖尿病) 등의 약으로 쓴다.
자양간신(滋養肝腎) · 윤조활장(潤燥滑腸) 등의 효능

백지(白芷)-구릿대

미나리과
Angelica dahurica (FISCH.) BENTH. et HOOKER f.

열매

속명/향백지(香白芷) ·
대활(大活) · 굼배지 ·
흥안백지(興安白芷) ·
항대활(香大活) ·
항백지(杭白芷) ·
토백지(土白芷) · 구리대
분포지/전국의 깊은 산
골짜기 냇가
높이/100~200cm
생육상/두해 내지
세해살이풀
개화기/6~8월
꽃색/흰색
결실기/10월
특징/가지가 갈라지며
땅속의 뿌리가 굵다.
용도/식용 · 약용

효능

뿌리 줄기(根莖)를 감기(感氣) · 정혈(淨血) · 진통(鎭痛) · 진정(鎭靜) ·
진해(鎭咳) · 빈혈(貧血) · 부인병(婦人病) · 두통(頭痛) · 이뇨(利尿) ·
역기(逆氣) · 간질(癎疾) · 건위(健胃) · 사기(邪氣) · 치통(齒痛) ·
통경(通經) 등의 약으로 쓴다.
진통(鎭痛) · 중추신경흥분(中樞神經興奮) · 항균(抗菌) 작용

백출(白朮)-삽주

국화과
Atractylodes japonica KOIDZ.

꽃

속명/창출(蒼朮) ·
생백출(生白朮) ·
생창출(生蒼朮) ·
관창출(關蒼朮) ·
화창출(和蒼朮) ·
관동창출(關東蒼朮) ·
창두채(蒼頭茱) ·
북창출(北蒼朮)
분포지/전국의 산
숲속 그늘
높이/30~100cm
생육상/여러해살이풀
개화기/7~10월
꽃색/흰색
결실기/10월
특징/잎 가장자리에
바늘 같은 가시가 있고,
땅속 뿌리는 굵고
마디가 있다.
용도/식용 · 관상용 · 약용

뿌리

효능

주피(主皮)를 제거한 뿌리 줄기(根莖)를 방향(芳香)·건위(健胃)·
지한(止汗)·하리(下痢)·해열(解熱)·중풍(中風)·이뇨(利尿)·
결막염(結膜炎)·고혈압(高血壓)·현기증(眩氣症)·발한(發汗)·
혈압강하(血壓降下) 등의 약으로 쓴다.
건위(健胃)·이뇨(利尿)·진정(鎭靜)·지한(止汗)·자양(滋養)·
안태(安胎) 작용

*동속식물/참삽주, 용원삽주

산약(山藥)-참마

마과
Dioscorea japonica THUNB.

뿌리

속명/야산약(野山藥)·
서여(薯蕷)·망서(芒薯)·
야산국(野山菊)·
죽근여(竹根茹)·
산호접(山蝴蝶)·
야면려(野面荔)·마
분포지/전국의 산과 들
대개 낮은 곳의
숲 가장자리
높이/길이 2m 안팎
생육상/여러해살이풀
개화기/6~7월
꽃색/흰색
결실기/10월
특징/꽃은 피지만 덩굴과
잎 겨드랑이(葉腋)에
달리는 주아(珠芽)가
발달하여 번식한다.
땅속에 육질(肉質)의
긴 뿌리가 있다.
덩굴성 식물
용도/식용·약용

마 *Dioscorea batatas* DECNE.

중국 원산으로 재배하거나 각지의 산에 자생하는 여러해살이
덩굴 식물이다. 줄기가 자줏빛이며 흰색 꽃이 피고
잎 겨드랑이에 주아(珠芽)가 달린다.

효능

덩이 뿌리(塊根)를 자양(滋養) · 보로(保老) · 요통(腰痛) · 건위(健胃) ·
강장(强壯) · 동상(凍傷) · 화상(火傷) · 유종(乳腫) · 양모(養毛) ·
갑상선종(甲狀腺腫) · 심장염(心臟炎) · 지사(止瀉) · 몽정(夢精) ·
나력(瘰癧) · 해독(解毒) · 토혈(吐血) · 종독(腫毒) 등의 약으로 쓴다.
자양(滋養) · 소화촉진(消化促進) · 지사(止瀉) · 거담(祛痰) 작용

차전자(車前子)-질경이

질경이과
Plantago asiatica LINNE.

속명/차전초(車前草) · 차전(車前) · 대차전(大車前) · 차피초(車皮草) · 야지채(野地菜) · 하마초(下馬草) · 우모채(牛母菜) · 차륜채(車輪菜) · 길장구 · 배부장이 · 배합조개 · 배짜개 · 배부쟁이

분포지/전국의 산과 들

높이/10~50cm

생육상/여러해살이풀

개화기/6~8월

꽃색/흰색

결실기/9월

특징/원줄기가 없고 많은 잎이 뿌리에서 나온다. 옛부터 마차가 다니는 길위에서 자란다고 하여 차전초라 한다.

용도/식용 · 약용

꽃

효능

씨를 진해(鎭咳)·소염(消炎)·이뇨(利尿)·안질(眼疾)·강심(强心)·
임질(淋疾)·음양(陰瘍)·심장병(心臟病)·태독(胎毒)·난산(難産)·
지혈(止血)·해열(解熱)·지사(止瀉)·요혈(尿血)·금창(金瘡)·
익정(益精)·종독(腫毒)·각기(脚氣) 등의 약으로 쓴다.
이뇨(利尿)·자양(滋養) 작용

승마(升麻)—승마

미나리아재비과
Cimicifuga heracleifolia KOM.

64

속명/녹승마(綠升麻) ·
대삼엽승마(大三葉升麻) ·
끼멸가리 · 끼멸가리
본포지/남부 · 중부 ·
북부 지방의 깊은 산 숲속
높이/100cm 안팎
생육상/여러해살이풀
개화기/8～9월
꽃색/흰색
결실기/10월
특징/자주빛 도는
검은색의 땅속 뿌리는
굵으며, 꽃이삭이 위로
곧게 선다. 유독성 식물
용도/약용

효능

뿌리 줄기(根莖)를
해열(解熱) · 종독(腫毒) ·
창저(瘡疽) · 해독(解毒) ·
소아뇨혈(小兒尿血) ·
편두염(扁頭炎) 등의
약으로 쓴다. 해독(解毒) ·
진통(鎭痛) 작용

*동속식물/황새승마, 왜승마,
촛대승마

자근(紫根)—지치

지치과
Lithospermum erythrorhizom S. et Z.

65

속명/자초(紫草) · 노자초(老紫草) · 자단(紫丹) · 지혈(地血) ·
홍석근(紅石根) · 대자초(大紫草) · 경자초(硬紫草) · 주치 · 차근
분포지/전국의 산과 들 길가 초원
높이/30~70cm · 개화기/5~6월 · 결실기/8월
생육상/여러해살이풀 · 꽃색/흰색
특징/자주색의 굵은 뿌리가 땅속 깊이 들어간다.
용도/식용 · 공업용 · 약용

효능

뿌리를 건위(健胃) · 강장(强壯) · 황달(黃疸) · 임질(淋疾) · 개선(疥癬) ·
해독(解毒) · 습진(濕疹) · 피부병(皮膚病) · 화상(火傷) · 동상(凍傷) ·
익기(益氣) · 창종(瘡腫) · 충독(蟲毒) · 이뇨(利尿) · 양모(養毛) ·
해열(解熱) · 피임(避妊) 등의 약으로 쓴다. 강심(强心) · 해열(解熱) ·
혈압강하(血壓降下) · 항균(抗菌) · 항진균(抗眞菌) 작용

천궁(川芎)-천궁

미나리과
Cnidium officinale MAKINO.

속명/대천궁(大川芎) · 양천궁(洋川芎) · 궁궁이
분포지/약초 자원으로 재배한다. 중국 원산
높이/30~60cm · 개화기/8~9월 · 결실기/11월
생육상/여러해살이풀
꽃색/흰색
특징/곧게 자라며 가지가 갈라진다. 방향성 식물
용도/약용 · 식용

효능

뿌리 줄기(根莖)를 음위(陰萎) · 보익(補益) · 간질(癎疾) · 치통(齒痛) ·
대하(帶下) · 진통(鎭痛) · 강장(强壯) · 진정(鎭靜) · 부인병(婦人病) ·
역상(逆上) · 치풍(治風) 등의 약으로 쓴다.
진경(鎭痙) · 진정(鎭靜) · 혈압강하(血壓降下) · 항진균(抗眞菌) ·
혈관확장(血管擴張) · 항균(抗菌) 작용

택사(澤瀉)-택사

택사과
Alisma canaliculatum ALL. BR. et BOUCHE.

속명/건택사(建澤瀉) ·
구택사(溝澤瀉) ·
쇠택나물 · 소택나물
분포지/전국의 들녘
작은 연못이나 도랑가
높이/40~130cm
생육상/여러해살이풀
개화기/7월
꽃색/흰색
결실기/10월
특징/뿌리 줄기(根莖)는
짧고 수염뿌리가 많으며,
잎은 넓고 길며 뚜렷한
잎맥이 많이 있다.
용도/관상용 · 약용

효능

덩이 뿌리(塊莖)를
강장(强壯) · 보로(保老) ·
이뇨(利尿) · 부종(浮腫) ·
창종(瘡腫) · 통유(通乳) ·
최유(催乳) · 지갈(止渴) ·
수종(水腫) · 임질(淋疾)
등의 약으로 쓴다.
이뇨(利尿) 작용

*동속근연식물/질경이택사

총백(葱白)-파

백합과
Allium fistulosum LINNE.

속명/총백두(葱白頭) ·
총(葱) · 대총(大葱) ·
대총자(大葱子)
분포지/농가에서 널리
재배한다. 시베리아 원산
높이/60cm 안팎
생육상/여러해살이풀
개화기/6~7월
꽃색/녹색 바탕에
흰빛이 돈다
결실기/9월
특징/땅속에 길게
묻힌 줄기는 흰색이며,
작은 비늘 줄기(鱗莖)
밑에서 수염뿌리가
사방으로 퍼진다.
용도/식용 · 약용

효능

풀 전체 및 비늘 줄기 또는 신선한 뿌리를 보익(補益) · 청혈(淸血) ·
지한(止汗) · 중풍(中風) · 적백리(赤白痢) · 안태(安胎) · 이뇨(利尿) ·
부종(浮腫) · 양혈(養血) · 건뇌(健腦) · 곽란(霍亂) · 골절통(骨節痛) ·
면목부종(面目浮腫) · 각종(脚腫) · 명안(明眼) · 흥분(興奮) · 거담(祛痰) ·
발한(發汗) · 구충(驅蟲) 등의 약으로 쓴다.
발한해열(發汗解熱) · 이뇨(利尿) · 건위(健胃) · 거담(祛痰) 작용

당삼(黨參)–만삼

도라지과
Codonopsis pilosula (FR.) NANNF.

70

꽃

속명/태삼(台參) ·
소화당삼(素花黨參) ·
선초근(仙草根) ·
엽자채(葉子茱) ·
삼엽채(三葉茱) ·
엽자초(葉子草) ·
동당삼(東黨參) · 참더덕
분포지/남부 · 중부 ·
북부 지방의 깊은 산
숲속 그늘
높이/길이 150cm 안팎
생육상/여러해살이풀
개화기/7~8월
꽃색/흰빛 도는 연한 녹색
결실기/10월
특징/전체에 털이 있고
줄기를 자르면
흰 유액(乳液)이 나온다.
덩굴성 식물
용도/식용 · 관상용 · 약용

효능

뿌리를 인후염(咽喉炎)·천식(喘息)·보폐(補肺)·경풍(驚風)·
한열(寒熱)·편도선염(扁桃腺炎)·거담(祛痰) 등의 약으로 쓴다.
강장(强壯)·건위(健胃)·조혈(造血)·혈압강하(血壓降下)·
진해거담(鎭咳祛痰) 작용

하수오(何首烏)-하수오

여뀌과
Pleuropterus multiflorus TURCZ.

속명/적하수오(赤何首烏)·생수오(生首烏)·마간석(馬肝石)·교등(交藤)·
도유등(桃柳藤)·하상공(何相公)·구기등(九其藤)·새박덩굴·야합·야교
분포지/각지의 농가에서 재배한다.
높이/길이 150cm 안팎·개화기/8~9월·결실기/10월
생육상/여러해살이풀·꽃색/흰색·용도/관상용·밀원용·약용
특징/뿌리가 땅속으로 뻗으면서 둥근 덩이 뿌리(塊根)를 형성한다.

효능
덩이 뿌리를 각풍(脚風)·구풍(驅風)·진해(鎭咳)·거담(袪痰)·풍습(風濕)·
토혈(吐血)·통경(通經)·감기(感氣)·관절염(關節炎)·사지동통(四肢疼痛)·
수풍(手風)·내풍(內風)·신경쇠약(神經衰弱)·두풍(頭風)·백일해(百日咳)·
활혈(活血)·양혈(養血)·종독(腫毒)·강정(强精)·완화(緩和)·보익(補益)·
강장(强壯) 등의 약으로 쓴다. 동맥경화억제(動脈硬化抑制)·사하(瀉下)·
중추신경흥분(中樞神經興奮) 작용

노란색

딱지꽃

녹두(綠豆)－녹두

콩과
Phaseolus radiatus LINNE.

속명/청소두(靑小豆) · 폭사채두(輻射茮豆) · 록두 · 팥
분포지/각지의 농가에서 밭에 재배한다.
높이/80cm 안팎 · 개화기/8~9월 · 결실기/10월
생육상/한해살이풀 · 꽃색/노란색
특징/전체에 갈색의 퍼진 털이 있으며 씨가 녹색 또는 갈색으로
그물 같은 무늬가 있다.
용도/식용 · 약용

효능

씨를 단독(丹毒) · 통유(通乳) · 해열(解熱) ·
부종(浮腫) · 각기(脚氣) · 이뇨(利尿) · 종기(腫氣) ·
산전산후통(産前産後痛) · 임질(淋疾) · 허냉(虛冷) ·
진통(鎭痛) · 수종(水腫) · 해독(解毒) · 설사(泄瀉)
등의 약으로 쓴다. 이뇨(利尿) 작용

꽃

감국(甘菊)−감국

국화과
Chrysanthemum indicum LINNE.

속명/야국(野菊) ·
황국화(黃菊花) ·
산황국(山黃菊) ·
야황국(野黃菊) ·
황국(黃菊) · 들국화 ·
고의(苦薏) · 가을국화 ·
산국화(山菊花)
분포지/전국의 산과 들
길가 초원
높이/150cm 안팎
생육상/여러해살이풀
개화기/9~11월
꽃색/노란색
결실기/11월
특징/가지가 많이
갈라지고 꽃이 필 때
대개 옆으로 비스듬히
쓰러진다.
용도/관상용 · 공업용 ·
약용 · 식용

국화(菊花) *Chrysanthemum morifolium* RAMAT.

관상용으로 개량되어 널리 심고 있다.

계속 많은 품종(品種)이 나오고 꽃의 색깔도 여러 가지다.

효능

풀 전체 및 꽃을 강심(强心) · 명안(明眼) · 현기증(眩氣症) ·

거담(祛痰) · 빈혈(貧血) · 습비(濕痺) 등의 약으로 쓴다.

소염(消炎) · 이뇨(利尿) · 항균(抗菌) 작용

과체(瓜蔕)-참외

외과
Cucumis melo var. makuwa MAKINO.

꽃

속명/첨과체(甛瓜蔕)·
첨과(甛瓜)·향과(香瓜)·
감과(甘瓜)
분포지/농가에서
재배한다. 인도 원산
높이/길이 2~3m
생육상/한해살이풀
개화기/6~7월
꽃색/노란색
결실기/7~8월
특징/원줄기가 옆으로
뻗고, 여러 가지 색깔로
익는 열매를 먹는다.
덩굴 식물
용도/식용·약용

오이 *Cucumis sativus* LINNE.

인도 원산의 한해살이 덩굴 식물로 각지의 농가에서 널리 재배한다.
덩굴이 길게 뻗으며 5~8월에 노란색 꽃이 피고 6월부터 열매가 열린다.

효능

열매의 꼭지를 부종(浮腫) · 충독(蟲毒) · 월경과다(月經過多) ·
양모(養毛) · 최토(催吐) · 구토(嘔吐) 등의 약으로 쓴다.
최토(催吐) · 해독(解毒) 작용

마치현(馬齒莧)-쇠비름

쇠비름과
Portulaca oleracea LINNE.

속명/ 마현(馬莧) · 오행초(五行草) · 과자채(瓜子菜) · 장명채(長命菜) ·
마치용아(馬齒龍牙) · 마치초(馬齒草) · 저모유(猪母乳) · 마자채(馬子菜) ·
마현채(馬莧菜) · 돼지풀 · 도둑풀 · 말비름
분포지/전국의 산과 들 흔히 집 근처 빈터
높이/30cm 안팎
생육상/한해살이풀
개화기/6~9월
꽃색/노란색
결실기/8~10월
특징/원줄기는 붉은빛 도는 갈색으로 가지가 갈라져서 옆으로 퍼진다.
풀잎의 모양이 말의 앞이빨 같다 하여 마치현이라 한다.
용도/식용 · 약용

효능

풀 전체를 충독(蟲毒) · 사독(蛇毒) · 해독(解毒) · 마교(馬咬) ·
창종(瘡腫) · 지갈(止渴) · 촌충(寸蟲) · 이질(痢疾) · 각기(脚氣) ·
나력(瘰癧) · 생안(生眼) · 혈리(血痢) · 편도선염(扁桃腺炎) ·
이뇨(利尿) 등의 약으로 쓴다.
항균(抗菌) · 혈관수축(血管收縮) · 자궁수축(子宮收縮) ·
이뇨(利尿) 작용

목적(木賊)－속새

속새과
Equisetum hyemale LINNE.

속명/목적초(木賊草) ·
필관초(筆管草) ·
필두초(筆頭草) ·
좌초(銼草)
분포지/제주도 및 중부 ·
북부 지방의 깊은 산
숲속 습기 있는 곳
높이/30~60cm
생육상/여러해살이풀
개화기/4~5월(포자)
꽃색/노란색
결실기/6월
특징/땅속 줄기(地下莖)가
옆으로 뻗는다.
용도/공업용 · 약용

효능
지상부 줄기 말린 것을
산통(疝痛) · 조경(調經) ·
명안(明眼) · 치질(痔疾) ·
자궁출혈(子宮出血) ·
탈항(脫肛) 등에 약으로
쓴다.
소염(消炎) · 수렴(收斂) ·
이뇨(利尿) 작용

사과락(絲瓜絡)-수세미오이

외과
Lufa cylindrica ROEM.

속명/사과등(絲瓜藤) · 사과(絲瓜) · 수과(水瓜)
분포지/농가에서 재배한다. 열대 아시아 원산
높이/길이 5m 안팎
생육상/한해살이풀
개화기/8~9월
꽃색/노란색
결실기/9~10월
특징/덩굴성 식물
용도/관상용 · 공업용 · 약용

효능

열매 속의 망상섬유와 열매를 건위(健胃) · 거담(祛痰) · 곽란(藿亂) · 동상(凍傷) · 통유(通乳) · 각기(脚氣) · 부종(浮腫) · 이뇨(利尿) · 풍치(風痔) · 자궁출혈(子宮出血) 등의 약으로 쓴다. 청혈화담(淸血化痰) · 통경활락(通經活絡) · 거습지통(祛濕止痛)의 효능

백굴채(白屈菜)-애기똥풀

양귀비과
Chelidonium mujus var. asiaticum (HARA) OHWI.

84

속명/산황연(山黃連)·
우금화(牛金花)·
단장초(斷腸草)·
가황연(假黃連)·
토황연(土黃連)·씨아똥·
황연(黃連)·까치다리·
산서과(山西瓜)·젖풀
분포지/전국의 산과 들
대개 길가 풀숲 또는
집 근처 언덕
높이/30~80cm
생육상/두해살이풀
개화기/5~8월
꽃색/노란색
결실기/7~9월
특징/붉은빛 도는
노란색의 원뿌리가
땅속 깊이 들어가고,
원줄기는 잎과 더불어
흰색의 다세포 털이 있다.
줄기를 자르면
유액(乳液)이 나오는
데서 애기똥풀이라 한다.
용도/약용

풀 전체

효능

풀 전체 및 지상부의 줄기를 진경(鎭痙) · 위암(胃癌) · 진해(鎭咳) · 위궤양(胃潰瘍) · 간장(肝臟) · 진정(鎭靜) 등의 약으로 쓴다.

진경(鎭痙) · 중추신경억제(中樞神經抑制) · 혈압강하(血壓降下) · 항종류(抗腫瘤) · 항균(抗菌) · 관상동맥확장(冠狀動脈擴張) 작용

선복화(旋覆花) - 금불초

국화과
Inula britannica var. chinensis REGEL.

속명/복화(覆花) ·
금복화(金覆花) ·
황화자(黃花子) ·
금불화(金佛花) ·
하국(夏菊) · 옷풀
분포지/전국의 낮은 지대
논둑 등의 습한 곳
높이/20~60cm
생육상/여러해살이풀
개화기/7~9월
꽃색/노란색
결실기/10~11월
특징/뿌리 줄기(根莖)가
옆으로 뻗으면서
번식한다. 여름 동안
황금빛의 꽃이 피기
때문에 육월국(六月菊)
또는 하국이라 한다.
용도/식용 · 관상용 · 약용

효능

꽃을 이뇨(利尿) ·
건위(健胃) · 구토(嘔吐) ·
진정(鎭靜) 등의 약으로
쓴다. 진토(鎭吐) ·
거담(祛痰) 작용

운대자(蕓薹子) — 유채

십자화과
Brassica campestris subsp. napus var. nippo-oleifera
MAKINO.

속명/유채자(油菜子) ·
운개(蕓芥) · 대채(薹菜) ·
한채(寒菜) · 취채(臭菜) ·
랄채(辣菜)
분포지/제주도 및
남부 지방
높이/100cm 안팎
생육상/두해살이풀
개화기/3~4월
꽃색/노란색
결실기/5월
특징/가지가 갈라지며
검은색 씨로 기름을
짠다.
용도/식용 · 공업용 · 약용

효능

씨를 탕화상(燙火傷) ·
종독(腫毒) · 치루(痔漏) ·
두풍(頭風) · 아통(牙痛) ·
혈리(血痢) 등에 약으로
쓴다.

용아초(龍牙草) – 짚신나물

장미과
Agrimonia pilosa LEDEB.

꽃

속명/선학초(仙鶴草) · 낭아(狼牙) · 지초(地草) · 지동풍(地洞風) · 자모초(子母草) · 구룡아(九龍牙) · 황우미(黃牛尾) · 탈력초(脫力草) · 과향초(瓜香草) · 지선초(地仙草) · 짚신풀
분포지/전국의 산과 들 길가 초원
높이/30~100cm
생육상/여러해살이풀
개화기/6~8월
꽃색/노란색
결실기/10월
특징/전체에 털이 있고, 풀잎에 뚜렷한 맥(脈)이 일정하게 많이 있기 때문에 짚신나물이라 한다.
용도/식용 · 약용

산짚신나물 *Agrimonia coreana* NAKAI.

각지의 산과 들에 흔히 자라는 여러해살이풀이다.
높이 100cm 안팎이고 7~8월에 노란색 꽃이 핀다.

효능

풀 전체를 풍담(風痰) · 요통(腰痛) · 산전산후제통(産前産後諸痛) ·
백대하(白帶下) · 복통(腹痛) · 수렴(收斂) · 토혈(吐血) · 객혈(喀血) ·
나력(瘰癧) · 장풍(腸風) · 하혈(下血) · 강장(强壯) · 적혈리(赤血痢) ·
강심(强心) · 폐결핵(肺結核) · 장출혈(腸出血) · 위궤양(胃潰瘍) ·
자궁출혈(子宮出血) · 치근출혈(齒根出血) · 치혈(痔血) · 요혈(尿血) ·
창독(瘡毒) · 해열(解熱) · 해수(咳嗽) · 고혈압(高血壓) · 거풍(祛風) ·
안질(眼疾) 등의 약으로 쓴다.
지혈(止血) · 강심(强心) · 항균(抗菌) · 구충(驅蟲) 작용

인진호(茵蔯蒿)-사철쑥

국화과
Artemisia capillaris THUNB.

속명/면인진(綿茵蔯) · 인진(茵蔯) · 야호(野蒿) · 소백호(小白蒿) · 황화호(黃花蒿) · 미채호(美菜蒿) · 인진초(茵蔯草) · 문자애(蚊子艾) · 문자소(蚊子蘇) · 더위지기 · 다북쑥 · 비쑥 · 애탕쑥

분포지/전국의 낮은 지대 냇가의 모래땅이나 길가의 빈터

높이/30~100cm

생육상/여러해살이풀

개화기/8~9월

꽃색/노란색

결실기/9~10월

특징/처음에는 연한 털로 덮여 있고 더부룩한 포기를 이룬다. 밑부분에 목질(木質)이 발달하여 나무처럼 되고 가지가 많이 갈라진다.

용도/약용

효능

지상부 줄기와 잎 또는 풀 전체 말린 것을 해열(解熱) · 두통(頭痛) ·
풍습(風濕) · 이뇨(利尿) · 황달(黃疸) · 개선(疥癬) · 타박상(打撲傷) ·
창질(瘡疾) · 안질(眼疾) · 세안(洗眼) · 학질(瘧疾) · 관절염(關節炎) ·
발한(發汗) · 명안(明眼) · 소염(消炎) · 이뇨(利尿) 등의 약으로 쓴다.
해열(解熱) · 항균(抗菌) · 항진균(抗眞菌) · 지질저하(脂質低下) ·
이담(利膽) 작용

정력자(葶藶子) - 꽃다지

십자화과
Draba nemorosa var. hebecarpa LINDBL.

새싹

속명/정력(葶藶) ·
모과정력(毛果葶藶)
분포지/전국의 산과 들
대개 햇볕이 잘 드는
집 근처 텃밭
높이/20cm 안팎
생육상/두해살이풀
개화기/3~6월
꽃색/노란색
결실기/6~7월
특징/가지가 갈라지고
잎과 더불어
성모(星毛)가 빽빽이
난다.
용도/식용 · 약용

다닥냉이 *Lepidium apetalum* WILLD.

북아메리카 원산으로 전국의 낮은 지대 길가 초원에서
흔히 자라는 두해살이풀이다. 높이 30~60cm로 털이 없고
5~7월에 흰색 꽃이 피며 8월에 씨가 익는다.

효능

씨를 완하(緩下) · 이뇨(利尿) · 당뇨(糖尿) 등의 약으로 쓴다.
이뇨(利尿) · 강심(强心) · 거담(祛痰) 작용

위릉채(委陵茱)–딱지꽃

장미과
potentilla chinensis SER.

속명/근두채(根頭茱) · 번백초(翻白草) · 황룡미(黃龍尾) ·
천청지백(天靑地白) · 야계자(野鷄子) · 계과초(鷄瓜草) · 동록풀 ·
이질초(痢疾草) · 황연미(黃連尾) · 백두옹(白頭翁) · 호미초
분포지/전국의 산과 들 대개는 양지 바른 초원
높이/30~60cm · 개화기/6~8월 · 결실기/9월
생육상/여러해살이풀
꽃색/노란색
특징/원줄기는 여러 개가 모여 나고, 땅속의 뿌리는 굵다.
용도/식용 · 약용

효능

풀 전체 및 뿌리를 지혈(止血) · 보익(補益) ·
통경(通經) · 해열(解熱) · 보폐(補肺) 등의
약으로 쓴다. 청열해독(淸熱解毒) · 지혈(止血) 작용

꽃

적소두(赤小豆)-팥

콩과
Phuseolus angularis W. F. WIGHT.

속명/적두(赤豆) · 소두(小豆) · 황화채두(黃花菜豆)
분포지/흔히 농가에서 재배한다. 중국 원산
높이/30~50cm
개화기/8~9월 · 결실기/10월
생육상/한해살이풀
꽃색/노란색
특징/곧게 서거나 약간 덩굴이 져 옆으로 뻗으며, 퍼진 긴 털이 있다.
용도/식용 · 약용

효능

씨를 단독(丹毒) · 통유(通乳) · 해열(解熱) · 부종(浮腫) · 각기(脚氣) ·
이뇨(利尿) · 종기(腫氣) · 산전산후통(産前産後痛) · 임질(淋疾) ·
허냉(虛冷) · 진통(鎭痛) · 수종(水腫) · 설사(泄瀉) 등의 약으로 쓴다.
이수거습(利水祛濕) · 소종해독(消腫解毒)의 효능

즙채(蕺菜)–약모밀

삼백초과
Houttuynia cordata THUNB.

96

속명/어성초(魚星草) · 중약(重藥) · 어린초(魚鱗草) · 취채(臭菜) · 필관채(筆管菜) · 어성채(魚星菜) · 즙이근(蕺耳根) · 측이근(側耳根) · 취근초(臭根草) · 단근초(丹根草)

분포지/중부 지방 및 울릉도의 낮은 지대 습기 있는 곳

높이/20～50cm

생육상/여러해살이풀

개화기/6～7월

꽃색/노란색

결실기/9월

특징/원줄기는 털이 없고 풀 전체에서 생선 비린내 같은 냄새가 많이 난다. 특히 십자형으로 꽃잎같이 달린 것은 꽃잎이 아니라 꽃받침잎이다.

용도/관상용 · 약용

효능

뿌리, 잎, 풀 전체를 수종(水腫) · 매독(梅毒) · 방광염(膀胱炎) ·
자궁염(子宮炎) · 유종(乳腫) · 폐농(肺膿) · 중이염(中耳炎) ·
개선(疥癬) · 치질(痔疾) · 중풍(中風) · 폐염(肺炎) · 간염(肝炎) ·
피부염(皮膚炎) · 고혈압(高血壓) · 강심(强心) · 해열(解熱) ·
동맥경화(動脈硬化) · 이뇨(利尿) · 임질(淋疾) · 완하(緩下) ·
요도염(尿道炎) · 종처(腫處) · 화농(化膿) 등의 약으로 쓴다.
항균(抗菌) · 이뇨(利尿) · 소염(消炎) 작용

지부자(地膚子)–댑싸리

명아주과
Kochia scoparia SCHRAD.

속명/지규(地葵) · 지부(地膚) · 화구화(火球花) · 소추묘(掃帚苗) ·
가소추(家掃帚) · 야소추(野掃帚) · 낙추(落帚) · 독추(獨帚) · 소추(掃帚) ·
금소추(錦掃帚) · 천두자(千頭子) · 비싸리 · 공장이 · 락추자 · 대싸리
분포지/집 뜰에 심던 것이 야생상으로 퍼져 나가 자란다. 중국 원산
높이/100cm 안팎 · 개화기/7~8월 · 결실기/10월
생육상/한해살이풀 · 꽃색/노란색
특징/많은 가지가 위로 뻗어 빗자루같이 된다.
용도/식용 · 약용

효능

씨를 흉통(胸痛) · 동통(疼痛) · 보약(補藥) · 적리(赤痢) · 임질(淋疾) ·
이뇨(利尿) · 악창(惡瘡) · 명목(明目) · 과실중독(果實中毒) ·
강장(强壯) · 변비(便秘) · 목통(目痛) 등의 약으로 쓴다.
이뇨(利尿) · 항진균(抗眞菌) 작용

천골(川骨)-개연꽃

수련과
Nuphar japonicum DC.

속명/평봉초(萍蓬草) · 수율자(水栗子) · 개련꽃 · 개연
분포지/중부 이남 지방의 낮은 곳 얕은 물 속
높이/20~30cm
개화기/8~9월
생육상/여러해살이풀
꽃색/노란색
결실기/10월
특징/뿌리 줄기(根莖)가 옆으로 뻗는데 딱딱한 해면(海綿) 같다.
용도/관상용 · 약용

효능

뿌리 줄기 또는 잎을 강장(强壯) · 지혈(止血) · 산전후상(産前後傷) ·
정혈(淨血) · 부인병(婦人病) 등의 약으로 쓴다. 보허(補虛) · 건위(健胃) ·
조경(調經) 등의 효능   *동속식물/각시수련, 애기개구리연, 연

토목향(土木香) – 목향

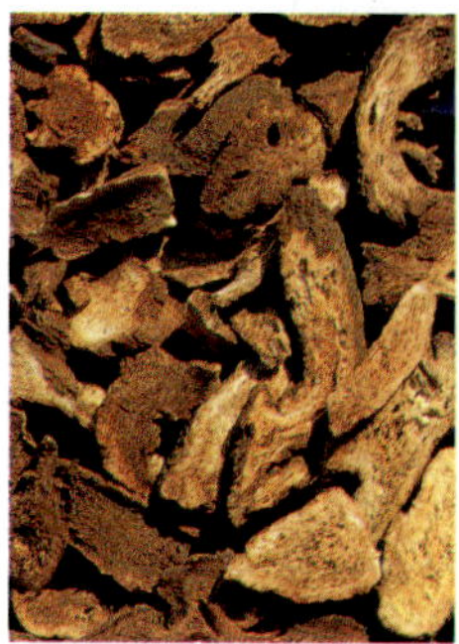

국화과
Inula helenium LINNE.

속명/청목향(靑木香) · 광목향(廣木香)

분포지/약초 자원으로 농가에서 재배한다. 유럽 원산

높이/150~200cm

생육상/여러해살이풀

개화기/7~8월 · 결실기/10월

꽃색/노란색

특징/전체에 짧은 털이 빽빽이 나 있으며 땅속의 뿌리가 굵다.

용도/식용 · 관상용 · 약용

효능

뿌리 부분을 건위(健胃) · 이뇨(利尿) · 발한(發汗) · 곽란(霍亂) · 구충(驅蟲) · 강장(强壯) · 이질(痢疾) · 거담(祛痰) · 개선(疥癬) · 폐결핵(肺結核) · 기관지염(氣管支炎) 등의 약으로 쓴다.

구충(驅蟲) · 항균(抗菌) · 항진균(抗眞菌) 작용

판람근(板藍根)-대청

십자화과
Isatis tinctoria var. yezoensis OHWI.

속명/숭람(菘藍) ·
대람(大藍) · 좀대청 ·
전청근(靛青根) · 대청잎 ·
람전근(藍靛根) ·
숭람엽(菘藍葉) ·
판람엽(板藍葉)
분포지/북부 지방의
해안가 모래땅에
자라고, 재배도 한다.
높이/30~70cm
생육상/두해살이풀
개화기/5~6월
꽃색/노란색
결실기/7~8월
특징/털이 없고
분백색이 돈다.
용도/식용 · 공업용 · 약용

효능

성숙한 뿌리를
단독(丹毒) ·
일본뇌염(日本腦炎) ·
열독발진(熱毒發疹)
등에 약으로 쓴다.

포공영(蒲公英)-민들레

국화과
Taraxacum mongolicum H. MAZZ.

속명/황화지정(黃花地丁) · 광과포공영(廣果蒲公英) · 지정(地丁) ·
백연포공영(白緣蒲公英) · 파파정(婆婆丁) · 알진방이 · 무슨둘레
분포지/전국의 산과 들 길가 초원
높이/30cm 안팎 · 개화기/4~5월 · 결실기/5~6월
생육상/여러해살이풀 · 꽃색/노란색
특징/원줄기가 없고 잎이 모여서 나오며 옆으로 펴진다.
용도/식용 · 관상용 · 밀원용 · 약용

효능

풀 전체를 완하(緩下) · 창종(瘡腫) · 유방염(乳房炎) ·
자상(刺傷) · 진정(鎭靜) · 정종(丁腫) · 강장(强壯) ·
대하증(帶下症) · 악창(惡瘡) · 건위(健胃) 등의
약으로 쓴다. 항균(抗菌) · 항진균(抗眞菌) ·
건위(健胃) · 완하(緩下) 작용

씨

흰민들레
Taraxacum coreanum NAKAI.

전국의 산과 들 양지
바른 초원에 자라는
여러해살이풀이다.
높이 30cm 안팎이고
4~6월에 흰색 꽃이 핀다.

서양민들레
Taraxacum officinale WEBER.

유럽 원산이다.
여러해살이풀로서
전국의 산과 들에 퍼져
자란다. 높이 30cm
안팎이며 뿌리가 땅속
깊이 들어간다. 3~9월에
노란색 꽃이 피고
꽃받침잎이 밑으로
뒤집어진다.

비마자(蓖麻子)-피마자

대극과
Ricinus communis LINNE.

104

꽃봉오리

속명/비마인(蓖麻仁) ·
산동황두(山東黃豆) ·
대마자(大麻子) :
홍비마(紅蓖麻) ·
양황두(洋黃豆) ·
초마(草麻) · 홍비(紅蓖) ·
피마주 · 아주까리
분포지/각지의 농가에서
재배한다. 열대 원산
높이/200cm 안팎
생육상/한해살이풀
개화기/8~9월
꽃색/수꽃은 노란색,
암꽃은 붉은색
결실기/10월
특징/가지가 나무처럼
갈라지며 줄기의 속이
비어 있다. 유독성 식물
용도/공업용 · 약용

열매

효능

씨를 한열(寒熱) · 나력(瘰癧) · 실음구금(失音口禁) · 탕화상(湯火傷) ·
두통(頭痛) · 진통(鎭痛) · 통경(通經) · 후중종(喉中腫) · 난산(難産) ·
중풍(中風) · 각기(脚氣) · 부종(浮腫) · 소아소화불량(小兒消化不良) ·
적체(積滯) · 악창(惡瘡) · 태의불하(胎衣不下) · 개선(疥癬) · 설사(泄瀉)
등의 약으로 쓴다. 뿌리 줄기(根莖)는 지혈(止血)에 약으로 쓰고,
잎은 각기(脚氣) · 맹장염(盲腸炎) · 타박상(打撲傷) · 부종(浮腫) ·
종독(腫毒) · 외상(外傷) · 풍상(風傷) · 풍습(風濕) · 피부병(皮膚病) ·
치질(痔疾) · 변독(便毒) · 통변(通便) · 패신(敗腎) 등의 약으로 쓴다.
장유동(腸蠕動) 작용

훤초근(萱草根) – 원추리

백합과
Hemerocallis fulva LINNE.

새싹

속명/황화채(黃花菜) ·
황화채근(黃花菜根) ·
등황옥잠(橙黃玉簪) ·
등황훤초(橙黃萱草) ·
금침채(金針菜) · 넘나물
분포지/전국의 집 근처
산과 들
높이/100cm 안팎
생육상/여러해살이풀
개화기/7~8월
꽃색/붉은빛 도는 노란색
결실기/10월
특징/덩이 뿌리(塊莖)가
방추형으로 굵어진다.
용도/식용 · 관상용 ·
밀원용 · 약용

효능

뿌리 줄기(根莖)를
황달(黃疸) · 이뇨(利尿) ·
강장(强壯) · 번열(煩熱) ·
치임(治淋) · 지혈(止血) ·
생남약(生男藥) · 소염
(消炎) 등의 약으로 쓴다.
양혈평간(養血平肝) ·
이뇨소종(利尿消腫)의 효능

노랑원추리

각시원추리

큰원추리

노랑원추리 *Hemerocallis thunbergii* BAK.

전국의 산과 들에 자라는 여러해살이풀이다. 높이 100cm 안팎이고
땅속의 굵은 뿌리 줄기가 사방으로 퍼지며 6~7월에 노란색 꽃이 핀다.

각시원추리 *Hemerocallis dumortieri* MORR.

전국의 높은 산에 자라는 여러해살이풀이다. 높이 40~70cm이고
땅속에 굵은 뿌리 줄기가 여러 개 있으며 6~7월에 노란색 꽃이 핀다.

큰원추리 *Hemerocallis middendorfii* TRAUTV.

전국의 깊은 산에 자라는 여러해살이풀이다. 높이 40~70cm이고
땅속의 뿌리는 붉은빛 도는 갈색으로 군데군데에 타원형의
굵은 부분이 있으며 6~7월에 노란색 꽃이 핀다.

포황(蒲黃)-부들

부들과
Typha orientalis PRESL.

108

속명/장포향포(長苞香蒲) ·
향포(香蒲) · 좀부들 ·
포봉(蒲棒) · 약초(蒻草)
분포지/전국의 들녘
연못가 등의 습한 곳
높이/100~150cm
생육상/여러해살이풀
개화기/7~8월
꽃색/노란색
결실기/10월
특징/원줄기는 털이 없고
꽃은 꽃가루만 보인다.
용도/식용 · 공업용 · 약용

효능

꽃가루를 대하증(帶下症) ·
지혈(止血) · 토혈(吐血) ·
탈항(脫肛) · 이뇨(利尿) ·
배농(排膿) · 치질(痔疾) ·
월경불순(月經不順) ·
한열(寒熱) · 통경(通經) ·
방광염(膀胱炎) 등의
약으로 쓴다. 지혈(止血) ·
자궁수축(子宮收縮) ·
항결핵(抗結核) 작용

*동속식물/애기부들

학슬(鶴虱)-담배풀

국화과
Carpesium abrotanoides LINNE.

속명/천명정(天名精) · 천일초(千日草) · 람화호(藍花蒿) · 정실 ·
자모자(刺毛子) · 무만청(無蔓靑) · 지추(地萩) · 들지치 · 여우오줌
분포지/전국의 산과 들 대개 숲 가장자리 및 집 부근
높이/50~100cm
생육상/두해살이풀
개화기/8~9월 · 결실기/10월
꽃색/노란색
특징/잎이 넓으며 뿌리가 방추형(紡錘形)이고 목질(木質)이다.
잎이 담배의 잎과 닮았다 하여 담배풀이라 한다.
용도/식용 · 약용

효능

풀 전체 및 잎, 열매를 창종(瘡腫) · 타박상(打撲傷) · 악창(惡瘡) ·
구충(驅蟲) 등의 약으로 쓴다. 진경(鎭痙) · 혈관확장(血管擴張) 작용

개자(芥子)–왕갓

십자화과
Brassica juncea COSSON.

속명/백개자(白芥子)·개채자(芥菜子)·개란채(芥蘭菜)·갓·겨자
분포지/남부 지방에서 채소로 재배한다. 중국 원산
높이/100cm 안팎
생육생/두해살이풀
개화기/4~6월
꽃색/노란색
결실기/7월
특징/매운맛이 많이 나며 윗부분에서 가지가 갈라진다.
용도/식용·약용

효능

씨를 통경(通經)·폐염(肺炎)·실신(失神)·해수(咳嗽)·이뇨(利尿)·
소생(蘇生)·강심(强心)·피부병(皮膚病)·기관지염(氣管支炎) 등의
약으로 쓴다. 거담(祛痰)·피부자극(皮膚刺戟) 작용

결명자(決明子)-결명자

콩과
Cassia tora LINNE.

111

꽃

속명/초결명(草決明)·
결명(決明)·긴강남차·
지귀근(地槐根)·
야녹두(野綠豆)·
영당초(鈴鐺草)·
가녹두(假綠豆)
분포지/농가에서 재배
한다. 북아메리카 원산
높이/100cm 안팎
생육상/한해살이풀
개화기/6~8월
꽃색/노란색
결실기/10월
특징/열매가 길고
활처럼 굽는다.
용도/약용

효능

씨를 시력강화(視力强化)·
건위(健胃)·강장(强壯)·
통경(通經)·충독(蟲毒)·
야맹증(夜盲症)·사독
(蛇毒) 등의 약으로 쓴다.
소염(消炎)·사하(瀉下)·
혈압강하(血壓降下) 작용

*동속식물/석결명

희첨(豨簽)-털진득찰

국화과
Siegesbeckia pubescens MAKINO.

속명/희선(豨仙) · 희첨초(豨簽草) · 모희첨(毛豨簽) · 주초(珠草) ·
점창자(粘蒼子) · 점호초(粘糊草) · 점호채(粘糊菜) · 모희첨초(毛豨簽草) ·
점불점(粘不粘) · 진득찰
분포지/전국의 낮은 지대 집 근처 빈터나 텃밭 가장자리
높이/100cm 안팎
생육상/한해살이풀
개화기/8~9월
꽃색/노란색
결실기/10월
특징/진득찰과 같이 가지가 갈라지고 원줄기와 잎에 흰털이 많이 난다.
용도/식용 · 약용

진득찰 *Siegesbeckia glabrescens* MAKINO.

전국의 들녘이나 집 부근의 텃밭에 흔히 자라는 한해살이풀이다.
높이 100cm 안팎이고 원줄기에 털이 있으나 없는 것같이 보이는 것이
진득찰과 다르다. 8~9월에 노란색 꽃이 피고 10월에 씨가 익는다.

효능

풀 전체 또는 지상부 줄기를 진통(鎭痛) · 창종(瘡腫) · 충독(蟲毒) ·
중풍(中風) · 금창(金瘡) · 고혈압(高血壓) · 건위(健胃) · 토역(吐逆) ·
수종(水腫) · 관절염(關節炎) · 부종(浮腫) · 사지마비(四肢麻痺) ·
한열(寒熱) · 강장(强壯) · 신경통(神經痛) 등의 약으로 쓴다.
소염(消炎) 작용

시호(柴胡)—시호

미나리과
Bupleurum falcatum LINNE.

114

속명/춘시호(春柴胡) · 북시호(北柴胡) · 죽엽시호(竹葉柴胡) ·
뫼미나리 · 묏미나리
분포지/전국의 산과 들 초원에서 자라고, 약초 농가에서 재배도 한다.
높이/40~70cm
개화기/8~9월
꽃색/노란색
결실기/10월
생육상/여러해살이풀
특징/땅속의 잔뿌리가 약간 굵고 뿌리 줄기(根莖)는 굵으며 극히 짧다.
원줄기는 털이 없고 윗부분에서 가지가 갈라진다.
용도/식용 · 약용

참시호 *Bupleurum scorzoneraefolium* WILLD.

전국의 산에 자라는 여러해살이풀이다.
높이 40~70cm이고 시호와 비슷한데 다만 잎이 길고
선형(線形)인 것이 다르며 8~9월에 노란색 꽃이 핀다.

효능

뿌리를 오한(惡寒) · 해열(解熱) · 제암(諸癌) · 늑막염(肋膜炎) ·
해수(咳嗽) · 모세혈염(毛細血炎) · 강심(强心) · 사기(邪氣) ·
상한(傷寒) · 익기(益氣) · 열로(熱勞) · 진통(鎭痛) · 지해(止咳) ·
말라리아 등의 약으로 쓴다.
해열(解熱) · 진정(鎭靜) · 진통(鎭痛) · 항균(抗菌) 작용

회향(茴香)-회향

미나리과
Foeniculum vulgare GAERTNER.

속명/소회향(小茴香) · 소회(小茴) · 각회향(角茴香) · 회향풀
분포지/약초 자원으로 농가에서 재배한다. 남부 유럽 원산
높이/150cm 안팎 · 개화기/7~8월 · 결실기/10월
생육상/여러해살이풀 · 꽃색/노란색
특징/원줄기는 둥글고 털이 없다. 방향성 식물
용도/식용 · 약용

효능

열매를 악심(惡心) · 진통(鎭痛) · 각기(脚氣) · 식욕촉진(食慾促進) ·
구토(嘔吐) · 창종(瘡腫) · 구풍(驅風) · 거담(祛痰) · 신경통(神經痛) ·
최유(催乳) · 곽란(藿亂) · 음동(陰疼) · 사독(蛇毒) · 간질(癎疾) ·
치통(齒痛) · 부인음중종(婦人陰中腫) · 음위(陰萎) · 대하(帶下) ·
관절염(關節炎) · 건위(健胃) · 구충(驅蟲) 등의 약으로 쓴다.
건위(健胃) · 진통(鎭痛) 작용

감수(甘邃)–개감수

대극과
Euphorbia sieboldiana MORR. et DECNE.

속명/낭독(狼毒) · 감택(甘澤) · 감수(甘邃) · 구선대극(鉤腺大戟)
분포지/전국의 산과 들 대개는 깊은 산 숲속 그늘
높이/20~40cm · 개화기/5~6월 · 결실기/10월
생육상/여러해살이풀
꽃색/노란빛 도는 녹색
특징/줄기를 자르면 유액(乳液)이 나온다. 유독성 식물
용도/관상용 · 약용

효능

풀 전체 및 코르크층을 벗겨 낸 덩이 뿌리(塊根)를
풍습(風濕) · 당뇨병(糖尿病) · 임질(淋疾) · 치통(齒痛) ·
이뇨(利尿) · 통경(通經) · 사독(蛇毒) · 백선(白癬) ·
악성종창(惡性腫瘡) · 발한(發汗) · 진통(鎭痛) 등의
약으로 쓴다. 사하(瀉下) · 이뇨(利尿) 작용

꽃

대극(大戟)-대극

대극과
Euphorbia pekinensis RUPR.

118

속명/경대극(京大戟) ·
장군초(將軍草) ·
용호초(龍虎草) ·
묘안초(猫眼草) · 버들옻 ·
등태초(燈台草) · 우독초
분포지/전국의 산과 들
높이/80cm 안팎
생육상/여러해살이풀
개화기/6~8월
꽃색/노란빛이 도는 녹색
결실기/10월
특징/줄기가 곧게 자라며
흰털이 있다. 유독성 식물
용도/관상용 · 약용

효능

풀 전체 및 뿌리를
풍습(風濕) · 임질(淋疾) ·
치통(齒痛) · 이뇨(利尿) ·
통경(通經) · 사독(蛇毒) ·
악성종창(惡性腫瘡) ·
백선(白癬) · 발한(發汗) ·
당뇨병(糖尿病) · 진통
(鎭痛) 등의 약으로 쓴다.
사하(瀉下) · 이뇨(利尿)
작용

면실자(棉實子)-목화

무궁화과
Gossypium indicum LAM.

속명/목면자(木棉子) · 면화(棉花) · 면근피(棉根皮) · 면(棉) · 솜
분포지/섬유 작물로 농가에서 재배한다. 동아시아 원산
높이/60cm 안팎
생육상/한해살이풀
개화기/8~9월
꽃색/연한 노란색
결실기/10월
특징/곧게 서고 가지가 갈라진다. 씨를 덮고 있는 털을 솜으로 쓴다.
용도/관상용 · 공업용 · 약용

열매

효능
씨의 근피(根皮)를 통경(通經) · 진통(鎭痛) ·
최유(催乳) 등의 약으로 쓴다. 지해(止咳) ·
거담(祛痰) · 항암(抗癌) · 혈관확장(血管擴張) 작용

생강(生薑)-생강

생강과
Zingiber officinale ROSC.

120

속명/강(薑) · 건강(乾薑) · 새앙
분포지/각지의 농가에서 재배한다. 열대 아시아 원산
높이/30~50cm · 개화기/8~9월 · 결실기/10월
생육상/여러해살이풀
꽃색/연한 노란색
특징/뿌리 줄기(根莖)가 굵고 옆으로 자라며 매운맛이 있다.
용도/식용 · 약용

효능

뿌리
뿌리 줄기를 건위(健胃) · 거담(祛痰) · 발한(發汗) ·
진통(鎭痛) · 지혈(止血) · 중풍(中風) · 구토(嘔吐) ·
곽란(藿亂) · 하리(下痢) · 변비(便秘) · 진통(鎭痛) ·
교취(矯臭) · 교미(矯味) 등의 약으로 쓴다.
살균(殺菌) · 흥분(興奮) 작용

석창포(石菖蒲)-석창포

천남성과
Acorus gramineus SOLAND.

121

속명/창포(菖蒲) · 선창포(鮮菖蒲) · 수창포(水菖蒲) · 석창(石菖) ·
창(菖) · 석장포
분포지/제주도 및 남부 다도해 섬 지방의 냇가 등지
높이/10~30cm · 개화기/6~7월 · 결실기/9월
생육상/여러해살이풀
꽃색/연한 노란색
특징/뿌리 줄기(根莖)는 옆으로 뻗고 마디가 많다.
용도/관상용 · 약용

효능

뿌리 줄기를 고미(苦味) · 건위(健胃) · 치통(齒痛) · 산후하혈(産後下血) ·
종창(腫瘡) · 구충(驅蟲) · 치풍(治風) · 진정(鎭靜) · 안태(安胎) · 개선(疥癬) ·
치림(治淋) · 안질(眼疾) · 익정(益精) · 진통(鎭痛) 등의 약으로 쓴다.
진정(鎭靜) · 건위(健胃) · 진통(鎭痛) · 이뇨(利尿) · 항진균(抗眞菌) 작용

음양곽(淫羊藿) - 삼지구엽초

매자나무과
Epimedium koreanum NAKAI.

122

꽃

속명/선령비(仙靈脾) ·
조선음양곽(朝鮮淫羊藿) ·
양곽엽(羊藿葉) · 음약곽
분포지/남부 · 중부 ·
북부 지방의 깊은 산
숲속 계곡의 그늘진 곳
높이/30cm 안팎
생육상/여러해살이풀
개화기/5월
꽃색/노란빛이 도는 백색
결실기/7월
특징/한포기에서 여러
대가 나와 곧게 자란다.
가지가 세 개이고 잎이
아홉 개이기 때문에
삼지구엽초라 한다.
용도/관상용 · 약용

효능

줄기와 잎을 말려
조제한 것을 강장(强壯) ·
이뇨(利尿) · 창종(瘡腫) ·
음위(陰萎) · 강정(强精) ·
장근골(壯筋骨) ·
건망증(健忘症) 등의
약으로 쓴다.

저마근(苧麻根)-모시풀

쐐기풀과
Boehmeria nivea (L.) GAUDICH.

속명/저근(苧根) · 저마(苧麻) · 야저마(野苧麻) · 저(苧) · 야마(野麻) ·
원마(元麻) · 가마(家麻) · 대마(大麻) · 정미근 · 왕모시풀 · 모시
분포지/남부 지방 낮은 지대 길가에 자라고, 섬유 자원으로 재배한다.
높이/100~200cm
생육상/여러해살이풀
개화기/7~8월
꽃색/노란빛이 도는 흰색
결실기/10월
특징/녹색의 원줄기는 둥글고 잔털이 많으며, 뿌리는 목질(木質)이다.
용도/식용 · 공업용 · 약용

효능

뿌리를 단독(丹毒) · 누태(漏胎) · 하혈(下血) · 광견(狂犬) · 충독(蟲毒) ·
이뇨(利尿) · 통경(通經) · 당뇨병(糖尿病) 등의 약으로 쓴다.
청열(淸熱) · 지혈(止血) · 해독(解毒) 작용

적전(赤箭)-천마

난초과
Gastrodia elata BL.

속명/천마(天麻) · 적전지(赤箭芝) · 목포(木浦) · 적마(赤麻) ·
죽간초(竹杆草) · 적전근(赤箭根) · 수자해좃
분포지/전국의 깊은 산 부식질(腐植質)이 많은 계곡의 숲속
높이/60~100cm
생육상/여러해살이풀
개화기/6~7월 · 결실기/9월
꽃색/노란빛이 도는 갈색
특징/잎이 없으며 땅속에 감자 같은 덩이 뿌리(塊根)가 있다.
용도/관상용 · 약용

효능

뿌리 줄기(根莖) 및 덩이 뿌리 조제한 것을 요슬통(腰膝痛) · 변비(便秘) ·
중풍(中風) · 풍습(風濕) · 현기증(眩氣症) · 익정(益精) · 강장(强壯) ·
신경쇠약(神經衰弱) · 두통(頭痛) 등의 약으로 쓴다.
진정(鎭靜) · 진통(鎭痛) · 항경변(抗痙變) 작용

천문동(天門冬)-천문동

백합과
Asparagus cochinchinensis MERR.

속명/지문동(地門冬) · 천동(天冬) · 명천동(明天冬) · 천동초(天冬草) ·
사동(絲冬) · 부지깽나물 · 홀아지좃 · 혹아지좃
분포지/울릉도 및 중부 · 남부 지방의 바닷가 근처 산기슭이나 섬 지방
높이/길이 1~2m · 개화기/5~6월 · 결실기/8월
생육상/여러해살이풀 · 꽃색/연한 노란색
특징/뿌리 줄기(塊根)가 짧고 많은 뿌리가 사방으로 퍼진다.
용도/식용 · 관상용 · 약용

효능

코르크층을 벗겨 낸 덩이 뿌리(塊根)를 자양(滋養) ·
강장(强壯) · 이뇨(利尿) · 거담(祛痰) · 진해(鎭咳) ·
토혈(吐血) · 보로(保老) · 폐염(肺炎) · 양정(養精) ·
안오장(安五臟) · 진정(鎭靜) · 보신(補腎) · 폐기(肺氣)
등의 약으로 쓴다. 진해(鎭咳) · 이뇨(利尿) ·
통변(通便) · 강장(强壯) · 항균(抗菌) 작용

뿌리

창이자(蒼耳子)-도꼬마리

국화과
Xanthium strumarium LINNE.

126

속명/창이초(蒼耳草)·
창이(瘡耳)·창자(蒼子)·
저이(猪耳)·야가(野茄)·
노창자(老瘡子)·뙤꼬리·
야가자(野茄子)·창의자·
도인두(道人頭)·
자팔과(刺八果)·
산초해(山草解)·
채이(菜耳)
분포지/전국의 집 근처
텃밭이나 길가의 초원
높이/100cm 안팎
생육상/한해살이풀
개화기/8~9월
꽃색/연한 노란색
결실기/10월
특징/북부 지방으로
갈수록 많이 자란다.
가지가 갈라지며 열매에
갈고리 같은 가시가
많이 있다.
용도/식용·약용

열매

효능

열매를 진통(鎭痛)·정종(丁腫)·금창(金瘡)·충독(蟲毒)·
수종(水腫)·배농(排膿)·치질(痔疾)·편도선염(扁桃腺炎)·
중풍(中風)·광견병(狂犬病)·습진(濕疹)·발한(發汗)·
매독(梅毒)·관절염(關節炎)·해독(解毒)·이뇨(利尿)·
산후통(産後痛)·치통(齒痛)·명안(明眼)·나력(瘰癧)·
해열(解熱)·두통(頭痛) 등의 약으로 쓴다.
발한(發汗)·진통(鎭痛)·항균(抗菌)·소염(消炎) 작용

천초근(茜草根) – 꼭두서니

꼭두서니과
Rubia akane NAKAI.

열매

속명/천초(茜草) ·
홍천근(紅茜根) ·
생천초(生茜草) ·
흑과천초(黑果茜草)
분포지/전국의 산과 들
집 부근 및 숲 가장자리
높이/길이 150cm 안팎
생육상/여러해살이풀
개화기/7~9월
꽃색/연한 노란색
결실기/10월
특징/원줄기는 네모지며
능선에 짧은 가시가 밑을
향해 있다. 덩굴성 식물
용도/식용 · 공업용 · 약용

효능

뿌리를 황달(黃疸) ·
지혈(止血) · 토혈(吐血) ·
요혈(尿血) · 통경(通經) ·
해열(解熱) · 강장(强壯) ·
정혈(淨血) · 풍습(風濕)
등의 약으로 쓴다. 항균
(抗菌) · 진해(鎭咳) 작용

*동속근연식물/큰꼭두서니,
갈퀴꼭두서니, 우단꼭두서니

황촉규(黃蜀葵)–닥풀

무궁화과
Hibiscus manihot LINNE.

129

속명/촉규근(蜀葵根) · 황촉규근(黃蜀葵根) · 황추규(黃秋葵)

분포지/농가에서 재배한다. 중국 원산

높이/100~150cm

생육상/한해살이풀

개화기/8~9월

꽃색/연한 노란색

결실기/10월

특징/원줄기는 곧게 자라고 가지가 없다. 뿌리로 한지와 풀을 만든다.

용도/식용 · 공업용 · 관상용 · 약용

효능

뿌리를 종기(腫氣) · 임질(淋疾) · 화상(火傷) · 어혈(瘀血) · 안태(安胎) · 기관지염(氣管支炎) · 백대하(白帶下) · 진통(鎭痛) 등의 약으로 쓴다.

이수산어(利水散瘀) · 소종해독(消腫解毒)의 효능

고삼(苦參)-고삼

콩과
Sophora flavescens AIT.

130

꽃

속명/야괴수(野槐樹) ·
지괴(地槐) · 고골(苦骨) ·
산괴자(山槐子) · 너삼 ·
수괴(水槐) · 넓은잎능암 ·
능암 · 백경(白莖) ·
지괴근(地槐根) ·
산두근(山豆根) ·
봉황과(鳳凰瓜) ·
도둑놈의지팽이 ·
뱀의정자나무
분포지/전국의 산과 들
양지의 초원
높이/100cm 안팎
생육상/여러해살이풀
개화기/6~8월
꽃색/연한 노란색
결실기/10월
특징/줄기가 굵으며
가지가 갈라지고
꽃이 활짝 벌어지지
않는다.
용도/약용

열매

효능

외피를 완전히 벗긴 뿌리를 이뇨(利尿)·건위(健胃)·살충제(殺蟲劑)·
농약(農藥)·피부병(皮膚病)·나창(癩瘡)·학질(瘧疾)·진통(鎭痛)·
해열(解熱)·설사(泄瀉)·구충(驅蟲)·신경통(神經痛)·이질(痢疾)
등의 약으로 쓴다.
이뇨(利尿)·해열(解熱)·항진균(抗眞菌) 작용

대황(大黃)-대황

여뀌과
Rheum undulatum LINNE.

속명/생대황(生大黃) ·
당대황(唐大黃) · 장군풀
분포지/산골짜기 습기
있는 곳, 시베리아 원산
높이/100cm 안팎
생육상/여러해살이풀
개화기/7~8월
꽃색/노란빛 도는 흰색
결실기/9월
특징/잎이 넓으며
줄기의 속이 비어 있다.
용도/식용 · 관상용 ·
밀원용 · 약용

효능

뿌리 줄기(根莖)를
해열(解熱) · 거담(袪痰) ·
어혈(瘀血) · 열병(熱病) ·
각기(脚氣) · 창종(瘡腫) ·
냉풍(冷風) · 광어(狂語) ·
건위(健胃) · 화상(火傷)
등의 약으로 쓴다.
사하(瀉下) · 항균(抗菌) ·
수렴(收斂) · 건위(健胃) ·
이담(利膽) · 항종양 작용

*종간잡종식물/금문대황, 서대황

의이인(薏苡仁)-율무

벼과
Coix lachryma-jobi var. mayuen (ROMAN.) STAPF.

속명/이인(苡仁) · 생이인(生苡仁) · 곡의이(谷薏苡) · 회회미(回回米)
분포지/약용 식물로 농가에서 재배한다. 중국 원산
높이/100～150cm · 개화기/7월 · 결실기/10월
생육상/한해살이풀 · 꽃색/연한 노란색
특징/곧게 자라며, 꽃잎은 없고 꽃밥만 보인다.
용도/식용 · 공업용 · 약용

효능

씨를 진경(鎭痙) · 강장(强壯) · 관절염(關節炎) ·
부종(浮腫) · 늑막염(肋膜炎) · 진통(鎭痛) · 이뇨(利尿) ·
신경통(神經痛) · 구충(驅蟲) · 익기(益氣) · 수종(水腫) ·
보폐(補肺) · 농혈(膿血) · 진해(鎭咳) · 소염(消炎) ·
영양강장(營養强壯) · 해열(解熱) · 폐결핵(肺結核) ·
백대하(白帶下) · 건위(健胃) 등의 약으로 쓴다.
진경(鎭痙) · 지사(止瀉) 작용

씨

반하(半夏)-반하

천남성과
Pinellia ternata (THUNB.) BREIT.

134

속명/생반하(生半夏) · 제반하(制半夏) · 법반하(法半夏) ·
천마우(天麻芋) · 주자반하(珠子半夏) · 삼엽반하(三葉半夏) ·
무심채(無心菜) · 연자미(燕子尾) · 지자고(地慈姑) · 야우두(野芋頭) ·
지성(地星) · 반히 · 끼무릇 · 꿩의무릇 · 꿩의밥
분포지/전국의 산과 들 대개는 집 근처의 텃밭 등지
높이/20~40cm
생육상/여러해살이풀
개화기/6~7월
꽃색/연한 노란빛이 도는 백색
결실기/10월
특징/땅속에 지름 1cm 안팎의
둥근 덩이 줄기(球莖)가 있고 꽃이 가늘게 핀다.
용도/약용

꽃

덩이 줄기

효능

코르크층을 벗겨 낸 덩이 줄기를 감기(感氣) · 구토(嘔吐) · 진해(鎭咳) · 거담(祛痰) · 졸도(卒倒) · 위장염(胃腸炎) · 창종(瘡腫) · 인후염(咽喉炎) · 진정(鎭靜) · 강심(强心) · 이뇨(利尿) · 배멀미 등의 약으로 쓴다.

진토(鎭吐) · 최토(催吐) · 진정(鎭靜) · 진해(鎭咳) · 거담(祛痰) · 안압강하(眼壓降下) 작용

홀포(忽布)-호프

뽕나무과
Humulus lupulus LINNE.

속명/비주화(啤酒花) · 사마초(蛇麻草) · 향사마(香蛇麻) · 호쁘 · 홉프
분포지/농가에서 맥주 원료로 재배한다. 유럽 원산
높이/길이 5m 안팎
생육상/여러해살이풀
개화기/6~8월 · 결실기/9월
꽃색/노란빛이 도는 녹색
특징/꽃이 포액(苞腋) 속에 네 개씩 들어 있다. 덩굴성 식물
용도/공업용 · 약용 · 식용

효능

소포(小苞) 속에 노란빛 도는 녹색의 선립(腺粒)이 있다.
여기에 좋은 향(香)이 나는 루풀린(lupulin)이 있는데 이것을
진정(鎭靜) · 건위(健胃) · 이뇨(利尿) · 최면(催眠) 등의 약으로 쓴다.
고미건위(苦味健胃) · 진정(鎭靜) · 불면증(不眠症) 등에 응용

황기(黃蓍)-황기

콩과
Astragalus membranaceus BUNGE.

꽃

속명/면황기(綿黃芪) ·
황계 · 황초 · 양육(羊肉) ·
대황기(大黃芪) · 단너삼
분포지/울릉도 및 중부 ·
북부 지방의 고산지대
높이/100cm 안팎
생육상/여러해살이풀
개화기/7~8월
꽃색/연한 노란색
결실기/10월
특징/전체에 털이 있고
뿌리가 깊이 들어간다.
용도/약용

효능

뿌리를 늑막염(肋膜炎) ·
적리(赤痢) · 폐병(肺病) ·
나병(癩病) · 보익(補益) ·
강장(强壯) · 종창(腫瘡) ·
해열(解熱) · 치질(痔疾) ·
완화(緩和) · 지한(止汗)
등의 약으로 쓴다.
강장(强壯) · 이뇨(利尿) ·
항신염(抗腎炎) · 혈압강하
(血壓降下) · 항균(抗菌) ·
간장보호(肝臟保護) 작용

권백(卷柏)-부처손

부처손과
Selaginella tamariscina (BEAUV.) SPRING.

속명/만년초(萬年草) · 불수초(佛手草) · 장생초(長生草) · 지측백(地側柏) ·
바위손 · 풀푸시
분포지/전국의 산 대개는 건조한 바위의 표면
높이/20cm 안팎 · 개화기/7~8월 (포자낭) · 결실기/9월
생육상/여러해살이풀
꽃색/갈색(포자)
특징/흰빛이 나는 녹색의 가지는 건조할 때는 안쪽으로 말려서
공처럼 둥글게 되고 비가 오거나 습기가 있으면 다시 활짝 펴진다.
용도/관상용 · 약용

효능

풀 전체 말린 것을 지혈(止血) · 하혈(下血) · 탈홍증(脫肛症) ·
통경(通經) 등에 약으로 쓴다.
토혈(吐血) · 변혈(便血) · 요혈(尿血) · 탈홍(脫肛)에 응용

삼릉(三稜)-매자기

사초과
Scirpus fluviatilis (TORR.) A. GRAY.

속명/능초(稜草) ·
형삼릉(荊三稜) ·
사삼릉(蓑三稜) ·
삼릉초(三稜草) ·
야발제(野荸薺)
분포지/전국의 들녘
연못가 등지
높이/80~150cm
생육상/여러해살이풀
개화기/7~10월
꽃색/갈색
결실기/9~10월
특징/땅속 줄기(地下莖)에
덩이 줄기(塊莖)가 달린다.
용도/공업용 · 관상용 ·
약용

효능

뿌리 줄기(根莖)를
학질(瘧疾) · 최유(催乳) ·
어혈(瘀血) · 악심(惡心) ·
구토(嘔吐) · 통경(通經) ·
진통(鎭痛) 등의 약으로
쓴다. 항종류(抗腫瘤) ·
흡수촉진(吸收促進) ·
건위(健胃) 작용

석위(石韋)-석위

고사리과
Pyrrosia lingua (THUNB.) FARWELL.

속명/석란(石蘭) · 소석위(小石韋) · 비도검(飛刀劍)
분포지/제주도 · 다도해 섬 지방의 숲속 바위 또는 노목
높이/10~25cm
생육상/여러해살이풀
개화기/6월(포자)
꽃색/갈색
결실기/9월(구포)
특징/뿌리 줄기(根莖)가 옆으로 길게 뻗으면서
붉은색 또는 검은빛 도는 갈색의 비늘잎(鱗片)으로
덮인다.
용도/관상용 · 약용

포자

세뿔석위 *Pyrrosia tricuspis* (SW.) TAGAWA.

석위와 같은 장소에 자라는 여러해살이 상록 식물이다.
높이 15~20cm이고 뿌리 줄기가 옆으로 뻗으며 검은 갈색의
비늘잎으로 빽빽이 덮인다.
석위와는 잎의 가장자리가 세 개로 갈라지는 것이 다를 뿐이다.

효능

잎과 뿌리를 보익(補益) · 지혈(止血) · 이뇨(利尿) ·
임질(淋疾) 등의 약으로 쓴다.
이뇨(利尿) · 지혈(止血) · 항균(抗菌) 작용

관중(貫衆) – 관중

고사리과
Dryopteris crassirhizoma NAKAI.

속명/면마(綿馬) ·
면마린모궐(綿馬鱗毛蕨) ·
면모린모궐(綿毛鱗毛蕨) ·
야면마(野綿馬) · 회초 ·
면마양치(綿馬羊齒) ·
광동채근(廣東菜根) ·
동면마(東綿馬) · 회미초 ·
회초미 · 호랑고네
분포지/전국의 깊은 산
숲속 그늘
높이/100cm 안팎
생육상/여러해살이풀
개화기/5~6월(포자)
꽃색/갈색
결실기/9월(구포)
특징/뿌리 줄기(根莖)에서
잎이 윤생(輪生)한다.
용도/식용 · 관상용 · 약용

효능

뿌리 줄기를 해열(解熱) ·
자궁출혈(子宮出血) ·
두풍(頭風) · 삼충(三蟲) ·
금창(金瘡) 등의 약으로
쓴다.
자궁수축(子宮收縮) 작용

녹색

녹색

골풀

독활(獨活) – 독활

오갈피과
Aralia continentalis KITAGAWA.

열매

속명/독요초(獨搖草)·
동북토당귀(東北土當歸)·
천독활(川獨活)·뫼두릅·
구안독활
분포지/전국의 깊은 산
숲속 그늘에 자라고,
농가에서 재배도 한다.
높이/150cm 안팎
생육상/여러해살이풀
개화기/7~8월
꽃색/연한 녹색
결실기/9~10월
특징/전체에 짧은
털이 드문드문 나 있다.
방향성 식물
용도/식용·관상용·약용

효능

뿌리를 당뇨병(糖尿病)·
해열(解熱)·강장(强壯)·
거담(祛痰)·위암(胃癌)
등의 약으로 쓴다.
진통(鎭痛)·진정(鎭靜)·
혈관수축(血管收縮) 작용

우슬(牛膝)-쇠무릎

비름과
Achyranthes japonica (MIQ.) NAKAI.

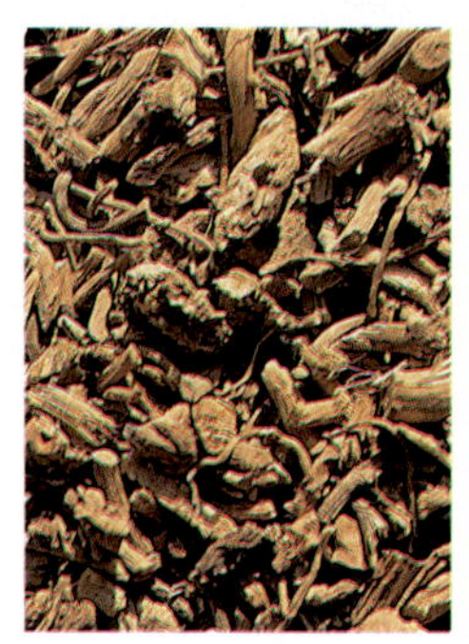

146

꽃

속명/천우슬(川牛膝) ·
일본우슬(日本牛膝) ·
마청초(馬靑草) ·
우실(牛實)
분포지/전국의 들녘
길가 초원 및 빈터
높이/50~100cm
생육상/여러해살이풀
개화기/8~9월
꽃색/녹색
결실기/10월
특징/원줄기가 네모지고
가지가 많이 갈라진다.
원줄기의 마디가 마치
소의 무릎 같다 하여
쇠무릎이라 한다.
용도/식용 · 약용

뿌리

효능

뿌리 줄기(根莖)를 각기(脚氣) · 정혈(淨血) · 보익(補益) ·
관절염(關節炎) · 통풍(通風) · 이뇨(利尿) · 신경통(神經痛) ·
통경(通經) · 담혈(痰血) · 임질(淋疾) · 두통(頭痛) · 강정(強精)
등의 약으로 쓴다. 진통(鎭痛) · 자궁수축(子宮收縮) ·
이뇨(利尿) · 진경(鎭痙) · 혈압강하(血壓降下) 작용

마인(麻仁)－삼

삼과
Cannabis sativa LINNE.

148

속명/화마인(火麻仁) · 대마인(大麻仁) · 대마(大麻) · 마(麻) · 백마(白麻) ·
호마(胡麻) · 야마(野麻) · 화마(火麻) · 당마(糖麻) · 대마초(大麻草) ·
역삼 · 민인 · 역삼씨
분포지/섬유 자원으로 농가에서 재배한다. 중앙 아시아 원산
높이/100~250cm
생육상/한해살이풀
개화기/7~8월
꽃색/연한 녹색
결실기/10월
특징/원줄기는 둔하게 네모지고 잔털이 있다.
원줄기에서 나오는 진은 마취성이 있으며
껍질의 섬유로 삼베를 짠다.
용도/공업용 · 약용

줄기

효능

씨와 열매 및 잎은 구토(嘔吐) · 난산(難産) · 타박상(打撲傷) ·
회충(蛔蟲) · 변비(便秘) · 이뇨(利尿) · 개선(疥癬) · 통유(通乳) ·
대하증(帶下症) · 안산(安産) · 당뇨병(糖尿病) · 양모발(養毛髮) ·
완하(緩下) · 윤장(潤腸) · 진정(鎭靜) · 고미건위(苦味健胃) ·
최면(催眠) · 설사(泄瀉) · 무좀 등의 약으로 쓴다.
사하(瀉下) · 자궁수축(子宮收縮) 작용

양제근(羊蹄根)-소리쟁이

여뀌과
Rumex crispus LINNE.

150

열매

속명/야대황(野大黃)·
양제대황(羊蹄大黃)·
토대황(土大黃)·
이이대황(牛耳大黃)·
양제(羊蹄)·소루장이·
우설두(牛舌頭)·소로지·
참소리쟁이·소루쟁이
분포지/전국의 집 근처
또는 길가의 습기 있는 곳
높이/30~80cm
생육상/여러해살이풀
개화기/6~8월
꽃색/연한 녹색
결실기/9~10월
특징/땅속의 뿌리가
비대(肥大)하며, 줄기는
곧게 서고 녹색 바탕에
자줏빛이 돈다.
용도/식용·약용

참소리쟁이 *Rumex japonicus* HOUTTYN.

전국의 들 습기 있는 곳에 자라는 여러해살이풀이다.
흰색의 뿌리가 땅속 깊이 들어가고 줄기에는 세로줄이 많다.
높이 40~100cm로 5~7월에 연한 녹색 꽃이 피고
10월에 열매가 익는다.

효능

뿌리를 살충(殺蟲) · 감충(疳蟲) · 해열(解熱) · 피부병(皮膚病) ·
어혈(瘀血) · 건위(健胃) · 각기(脚氣) · 부종(浮腫) · 황달(黃疸) ·
변비(便秘) · 통경(通經) · 산후통(産後痛) · 해해(解咳) 등의
약으로 쓴다. 지해(止咳) · 거담(祛痰) · 항균(抗菌) · 사하(瀉下) ·
수렴(收斂) · 억균(抑菌) · 항종양(抗腫瘍) 작용

등심초(燈心草)-골풀

골풀과
Juncus effusus var. decipiens BUCHEN.

꽃

속명/야석초(野席草) ·
용수초(龍鬚草) ·
철등심(鐵燈心) ·
수등초(水燈草) ·
호수초(虎須草) ·
벽옥초(碧玉草) · 질골
분포지/전국의 산과 들
습기 있는 곳
높이/25~100cm
생육상/여러해살이풀
개화기/7~8월
꽃색/노란빛이 도는 녹색
결실기/9~10월
특징/원줄기가 둥글다.
용도/관상용 · 약용

효능

풀 전체 및 줄기 속의
심을 편도선염(扁桃腺炎) ·
금창(金瘡) · 진통(鎭痛) ·
지혈(止血) · 이뇨(利尿) ·
오림(五淋) · 외상(外傷)
등의 약으로 쓴다.
이뇨(利尿) 작용

맥아(麥芽)-보리

벼과
Hordeum vulgare var. hexastichon ASCHERS.

153

씨

속명/곡맥(谷麥)·
생맥아(生麥芽)·과맥·
나맥(裸麥)·대맥(大麥)
분포지/주요한 작물로
남부 지방의 농가에서
재배한다.
중국 서남부 원산
높이/100cm 안팎
생육상/두해살이풀
개화기/4~5월
꽃색/노란빛 도는 녹색
결실기/6월
특징/원줄기의 속이
비어 있고 마디가 있다.
용도/식용·공업용·약용

효능

맥아(麥芽 : 껍질이 있는
씨를 싹 내어 말린 것)를
강장(强壯)·각기(脚氣)
등의 약으로 쓴다.
건위(健胃)·퇴유(退乳)
작용

마두령(馬兜鈴) – 쥐방울덩굴

쥐방울덩굴과
Aristolochia Contorta BUNGE.

154

꽃

속명/청목향(靑木香) ·
두령(兜鈴) · 마도령 ·
토목향(土木香) ·
북마두령(北馬兜鈴) ·
토청목향(土靑木香) ·
옥황과(玉黃瓜) ·
구란과(狗卵瓜) ·
천선등(天仙藤) ·
쥐방울마도령
분포지/중부 · 북부 지방의
산과 들 대개는 산골짜기
숲 가장자리
높이/길이 10m 안팎
생육상/여러해살이풀
개화기/7～8월
꽃색/녹색 또는 자주색
결실기/10월
특징/전체에 털이 없다.
겨울철 나뭇가지에
매달려 있는 열매 때문에
쥐방울덩굴이라 한다.
유독성 식물, 덩굴 식물
용도/약용

열매

효능

풀 전체 또는 열매 및 뿌리를 이뇨(利尿) · 거치(去痔) · 통경(通經) · 치질(痔疾) · 해열(解熱) · 천식(喘息) · 복통(腹痛) · 사독(蛇毒) · 현기증(眩氣症) · 창저(瘡疽) · 신경쇠약(神經衰弱) · 진통(鎭痛) · 해독(解毒) · 진해(鎭咳) · 진정(鎭靜) · 거담(祛痰) 등의 약으로 쓴다. 항진균(抗眞菌) · 혈압강하(血壓降下) 작용

백삼(白蔘)-인삼

오갈피과
Panax schinseng NEES.

속명/고려삼(高麗蔘) · 산삼(山蔘) · 야삼(野蔘) · 조선인삼(朝鮮人蔘) ·
야인삼(野人蔘) · 봉추(棒槌) · 노산삼(老山蔘) · 고려인삼(高麗人蔘) ·
미삼(尾蔘) · 홍삼(紅蔘)
분포지/중부 · 북부 지방 및 울릉도의 깊은 산 기슭에 자라고,
흔히 농가에서 재배도 한다.
높이/60cm 안팎
생육상/여러해살이풀
개화기/4~5월
꽃색/연한 녹색
결실기/10월
특징/뿌리 줄기(根莖)가 짧고 곧게 혹은
비스듬히 서며, 밑에서 도라지 모양의
뿌리가 발달한다.
용도/약용

열매

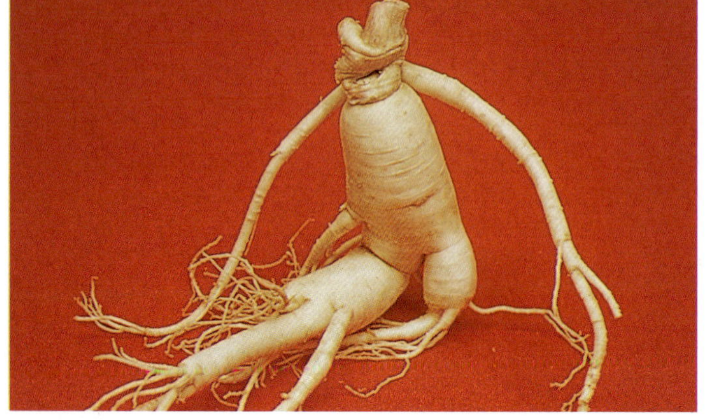

건삼

산삼

장뇌

홍삼

효능

뿌리를 보익(補益)·양정신(養精神)·신경통(神經痛)·천식(喘息)·
신경쇠약(神經衰弱)·사기(邪氣)·신진대사촉진(新陳代謝促進)·
명안(明眼)·익지(益智)·파상풍(破傷風)·식욕촉진(食慾促進)·
동상(凍傷)·곽란(藿亂)·이뇨(利尿)·암세포살균(癌細胞殺菌)·
토혈(吐血)·당뇨병(糖尿病)·구토(嘔吐)·췌장암(膵臟癌)·
설사(泄瀉) 등의 약으로 쓴다.
신경계흥분(神經系興奮)·부신피질자극(副腎皮質刺戟)·
성기능촉진(性機能促進)·강심(强心)·혈당저하(血糖低下)·
식욕증진(食慾增進)·항이뇨(抗利尿) 작용

*인삼의 땅속에 있는 큰 뿌리에 붙은 가는 실같은 뿌리가 미삼, 인삼 뿌리의 코르크층과
가는 뿌리를 제거하여 말린 것이 백삼, 뿌리를 가열 처리하여 조제한 것이 홍삼이다.

천남성(天南星)-천남성

천남성과
Arisaema amurense var. serratum NAKAI.

158

꽃

속명/남성(南星)·
생남성(生南星)·
치엽동북천남성
(齒葉東北天南星)·
톱이아물천남성
분포지/전국의 산 숲속
그늘
높이/15~30cm
생육상/여러해살이풀
개화기/5~7월
꽃색/녹색
결실기/10월
특징/땅속 둥근 줄기
(球莖)에서 수염뿌리가
사방으로 퍼지며 주위에
소구경(小球莖)이
2~3개 달린다.
유독성 식물
용도/관상용·약용

열매

효능

코르크층을 벗겨 낸 둥근 줄기를 해수(咳嗽)·파상풍(破傷風)·
거담(祛痰)·상한(傷寒)·창종(瘡腫)·구토(嘔吐)·간경(癎驚)·
진경(鎭經) 등의 약으로 쓴다.
진정(鎭靜)·진경(鎭經)·거담(祛痰)·항종류(抗腫瘤) 작용

넓은잎천남성
Arisaema robustum (ENGL.) NAKAI.

각지의 산 습한 그늘에서
자라는 유독성 식물이다.
높이 20~35cm로 땅속에
둥근 줄기가 있고 5월에
녹색 꽃이 핀다.

큰천남성
Arisaema ringens SCHOTT.

남부 지방 및 섬 지방의
산과 계곡에 자라는
유독성 식물이다.
높이 30cm 안팎으로
5월에 녹색 꽃이 피고
10월에 열매가 익는다.

섬천남성
Arisaema negishii MAKINO.

남부 다도해 섬 지방에
자라는 유독성 식물이다.
높이 60cm 안팎이고
5~6월에 흰빛 도는
녹색 꽃이 피고 10월에
열매가 익는다.

붉은색

붉은색

패랭이꽃

급성자(急性子)-봉선화

봉선화과
Impatiens balsamina LINNE.

열매

속명/지갑화(指甲花) ·
등잔화(燈盞花) ·
봉황죽(鳳凰竹) ·
소도홍(小桃紅) ·
투골초(透骨草)
분포지/관상초로 많이
심는다. 인도 및 중국,
말레이시아 원산
높이/60cm 안팎
생육상/한해살이풀
개화기/7~9월
꽃색/붉은색, 흰색 등
결실기/9~10월
특징/가지가 갈라지고
줄기는 육질(肉質)이다.
용도/관상용 · 공업용 ·
약용

효능

씨를 요흉통(腰胸痛) ·
소화(消化) · 사독(蛇毒) ·
안산(安産) · 오식(誤食) ·
해독(解毒) · 난산(難産) ·
타박상(打撲傷) 등의
약으로쓴다. 월경폐지
(月經閉止)에 응용

백두옹(白頭翁)-할미꽃

미나리아재비과
Pulsatilla koreana NAKAI.

164

속명/노고초(老姑草) · 조선백두옹(朝鮮白頭翁) · 가는할미꽃
분포지/전국의 산과 들 대개는 산기슭 및 길가의 양지 바른 초원
높이/30~40cm · 개화기/4~5월 · 결실기/5~6월
생육상/여러해살이풀
꽃색/붉은빛 도는 자주색
특징/전체에 긴 흰털이 빽빽이 나고 흑갈색의 굵은 뿌리가 땅속 깊이
들어간다. 유독성 식물
용도/관상용 · 약용

꽃

효능

뿌리를 신경통(神經痛) · 진통(鎭痛) · 소염(消炎) ·
건위(健胃) · 지혈(止血) · 익혈(益血) · 풍양(風癢) ·
산기(疝氣) · 수렴(收斂) · 이질(痢疾) · 지사(止瀉) ·
학질(瘧疾) 등의 약으로 쓴다.
항진균(抗眞菌) · 항균(抗菌) 작용

옥촉서예(玉蜀黍蘂) - 옥수수

벼과
Zea mays LINNE.

수꽃

속명/옥미수(玉米鬚) ·
옥촉서(玉蜀黍) · 강냉이 ·
옥미(玉米) · 번맥(番麥) ·
진주미(珍珠米) · 옥데기 ·
포미(苞米) · 봉자(棒子) ·
포곡(苞谷) · 강나미 ·
갱내 · 수끼
분포지/주요 작물로
강원 지방에서 재배한다.
열대 아메리카 원산
높이/1~3m
생육상/한해살이풀
개화기/6~8월
꽃색/암술대는 붉은 갈색,
수꽃은 연한 노란색
결실기/7~8월
특징/곧게 자란다.
용도/식용 · 공업용 · 약용

효능

암술대 말린 것을
이뇨(利尿) · 통경(通經) ·
부종(浮腫) 등의
약으로 쓴다.
혈압강하(血壓降下) ·
이뇨(利尿) 작용

적작약(赤芍藥)－작약

미나리아재비과
Paeonia obovata MAXIM.

속명/작약(芍藥) · 적작(赤芍) · 백작약(白芍藥) · 모과작약(毛果芍藥) ·
참작약 · 집함박꽃 · 산작약
분포지/중부 지방의 깊은 산
높이/40～50cm
생육상/여러해살이풀
개화기/5～6월
꽃색/붉은색, 흰색
결실기/10월
특징/땅속의 뿌리가 육질(肉質)로 굵다. 유독성 식물
용도/관상용 · 약용

새싹

백작약 *Paeonia japonica* MIYABE et TAKEDA.

중부 지방의 깊은 산 숲속에서 자란다.
높이 40~50cm 이고 땅속의 뿌리는 육질(肉質)로 굵다.
6월에 흰색의 꽃이 피고 8월에 열매가 익는다.

효능

뿌리를 복통(腹痛) · 진경(鎭經) · 두통(頭痛) · 해열(解熱) · 지혈(止血) ·
창종(瘡腫) · 부인병(婦人病) · 대하(帶下) · 진통(鎭痛) · 객혈(喀血) ·
금창(金瘡) · 하리(下痢) · 이뇨(利尿) · 혈임(血淋) 등의 약으로 쓴다.
진경(鎭痙) · 진통(鎭痛) · 진정(鎭靜) · 항경변(抗痙變) · 항균(抗菌) ·
해열(解熱) · 항염(抗炎) · 항궤양(抗潰瘍) 작용

*그 외 동속근연식물/산작약, 민산작약, 참작약

청대(靑黛)-쪽

여뀌과
persicaria tinctoria H. GROSS.

속명/료람(蓼藍) · 람(藍) · 소람(小藍) · 대청엽(大靑葉) · 람실(藍實)
분포지/염료 자원으로 재배한다. 중국 원산
높이/50~60cm
생육상/한해살이풀
개화기/8~9월
꽃색/붉은색
결실기/10월
특징/줄기가 붉은빛 도는 자주색이다. 풀 전체를 남색(藍色)의
전통 물감으로 쓰는데 이를 쪽빛이라 한다.
용도/밀원용 · 공업용 · 약용

효능

잎을 해독(解毒) · 해열(解熱) · 충독(蟲毒) 등의 약으로 쓴다.
청열해독(淸熱解毒) 작용　　　　　*동속유사식물/여뀌, 흰꽃여뀌, 꽃여뀌, 털여뀌

청상자(靑葙子)-개맨드라미

비름과
Celosia argentea LINNE.

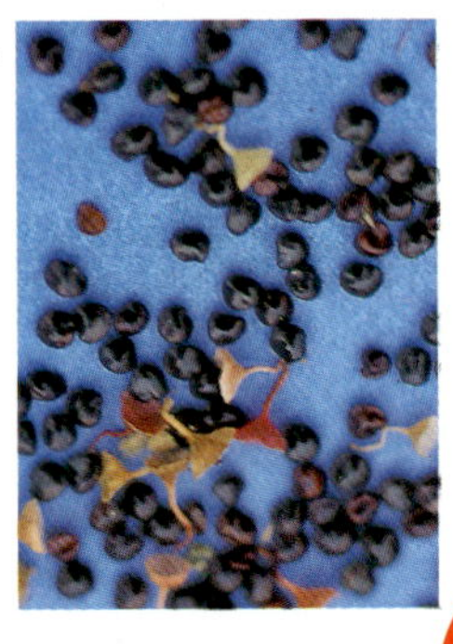

속명/계관현(鷄冠莧) ·
청상(靑葙) · 들맨드라미 ·
야계관화(野鷄冠花) ·
랑미파(狼尾巴)
분포지/각지의 들에
자란다. 열대 원산
높이/40~80cm
생육상/한해살이풀
개화기/7~9월
꽃색/연한 붉은색
결실기/10월
특징/맨드라미보다 꽃이
작고 길며, 원줄기는
곧게 서고 털이 없다.
용도/ 관상용 · 약용

효능

씨를 부인음창(婦人陰瘡) ·
살충(殺蟲) · 사기(邪氣) ·
삼충(三蟲) · 해열(解熱) ·
창종(瘡腫) · 해수(咳嗽) ·
안질(眼疾) · 개선(疥癬) ·
통경(通經) · 하혈(下血)
등의 약으로 쓴다.
소염(消炎) 작용

*사진은 개맨드라미와 비슷한
원예종 맨드라미이다.

아편말(阿片末)-양귀비

양귀비과
Papaver somniferum LINNE.

속명/앵속(罌粟) ·
아편(阿片) · 아편꽃 ·
약앵속(藥罌粟) ·
아편연(阿片烟)
분포지/농가에서
재배한다. 동유럽 원산
높이/50~150cm
생육상/두해살이풀
개화기/6~7월
꽃색/붉은색, 흰색 등
여러 가지
결실기/7~8월
특징/전체에 털이 없고
익지 않은 열매에서
유액(乳液)이 나온다.
유독성 식물
용도/관상용 · 약용

효능

덜 익은 열매의 유액을 건조시킨 가루를 진통(鎭痛)·진경(鎭痙)·
최면(催眠)·위장병(胃腸病)·토제(吐劑)·하리(下痢)·마비(麻痺)·
진해(鎭咳)·최토(催吐)·호흡진정(呼吸鎭靜)·피하주사(皮下注射)·
뇌염(腦炎)·다발성경화증(多發性硬化症) 등의 약으로 쓴다.
중추신경마취(中樞神經麻醉)·동안신경축소(動眼神經縮小)·
평골근마비(平滑筋麻痺)·체온하강(體溫下降)·항이뇨(抗利尿) 작용

백합(百合)-참나리

백합과
Lilium tigrinum KER-GAWL.

꽃

속명/야백합(野百合) · 권단(卷丹) · 당개나리 · 호피백합(虎皮百合) · 홍백합(紅百合) · 약백합(藥百合)
분포지/전국의 산과 들 대개 낮은 지대 집 근처
높이/1~2m
생육상/여러해살이풀
개화기/7~8월
꽃색/황적색 바탕에 흑자색 점이 있다.
결실기/8월
특징/여름에 줄기와 잎 사이에 달린 주아(珠芽)가 떨어져서 싹이 튼다.
용도/식용 · 관상용 · 약용

효능

비늘 줄기(鱗莖)를 강장(强壯) · 자양(滋養) · 건위(健胃) · 종독(腫毒) · 진해(鎭咳) 등의 약으로 쓴다.
이뇨(利尿) · 진해(鎭咳) · 진정(鎭靜) 작용

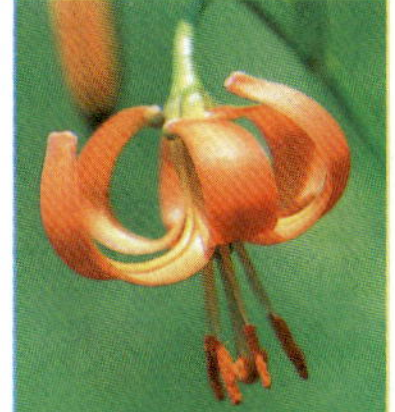

땅나리 *Lilium callosum* S. et Z.

중부 이남 지방의 산과 들에 자라는
여러해살이풀이다. 높이는 30~100cm로
털이 없고 비늘 줄기가 있으며 7~8월에
노란빛이 도는 붉은색 꽃이 핀다.

말나리 *Lilium distichum* NAKAI.

각지의 깊은 산 초원에서 자라는
여러해살이풀이다. 높이 80cm로 땅속에
비늘 줄기가 있으며 7~8월에 노란빛 도는
붉은색 꽃이 핀다.

날개하늘나리 *Lilium davuricum* KER-GAWL.

고원지에 자라는 여러해살이풀이다.
높이 20~90cm로 잎과 비늘 줄기가 크다.
7~8월에 노란빛 도는 붉은색 꽃이 핀다.

털중나리 *Lilium amabile* PALIBIN.

각지의 산에 자라는 여러해살이풀이다.
높이 50~100cm이고 전체에 흰 잔털이 있고
6~8월에 노란빛이 도는 붉은색 꽃이 핀다.

하늘나리 *Lilium concolor var. partheneion* BAK.

각지의 산과 들에 자라는 여러해살이풀이다.
높이 30~80cm이고 잎이 가늘게 달리며
6~7월에 노란빛 도는 붉은색 꽃이 핀다.

하늘말나리 *Lilium tsingtauense* GILG.

각지의 산과 들에 흔히 자란다.
높이 100cm 안팎이고 풀잎이 여러 개가 층을
이룬다. 7~8월에 노란빛 도는 붉은 꽃이 핀다.

지유(地楡)-오이풀

장미과
Sanguisorba officinalis LINNE.

속명/생지유(生地楡) · 옥시(玉豉) · 지아(地芽) · 산조자(山棗子) ·
야생마(野生麻) · 지유자(地楡子) · 마호조(馬虎棗) · 산삼자(山參子) ·
소자초(小紫草) · 일지전(一枝箭) · 황과향(黃瓜香) · 산지과(山地瓜) ·
지유근(地楡根) · 수박풀 · 외순나물 · 가는오이풀
분포지/전국의 산과 들 초원
높이/30~150cm
생육상/여러해살이풀
개화기/7~9월
꽃색/검은빛 도는 붉은색
결실기/10~11월
특징/뿌리 줄기(根莖)가 옆으로 갈라지며 자라고
방추형(紡錘形)으로 굵어진다. 풀잎에서 오이 냄새가
나기 때문에 오이풀이라 한다.
용도/식용 · 관상용 · 약용

뿌리

큰오이풀 *Sanguisorba stipulata* RAFIN.

북부 지방의 백두산 고원지에 자라는 고산 식물로 여러해살이풀이다.
높이 20~80cm이며 털이 없고 뿌리 줄기는 옆으로 굵게 자란다.
8월에 흰색 꽃이 핀다.

효능

뿌리를 지혈(止血) · 토혈(吐血) · 월경과다(月經過多) · 수렴(收斂) ·
허리(下痢) · 견교독(犬交毒) · 습진(濕疹) · 창종(瘡腫) · 동상(凍傷) ·
산후복통(産後腹痛) · 충독(蟲毒) · 대하(帶下) · 누혈(漏血) · 객혈(喀血)
등의 약으로 쓴다. 양혈지혈(凉血止血) · 사하렴창(瀉下斂瘡)의 효능,
수렴(收斂) · 항균(抗菌) 작용

구맥(瞿麥)-패랭이꽃

석죽과
Dianthus sinensis LINNE.

속명/거구맥(巨句麥) · 석죽(石竹) · 홍안석죽(興安石竹) · 석죽화(石竹花) · 석죽자화(石竹子花) · 산죽(山竹) · 석죽다(石竹茶) · 낙양화(落陽花)

분포지/전국의 산과 들 건조한 초원이나 냇가의 모래땅

높이/30cm 안팎

생육상/여러해살이풀

개화기/6~9월

꽃색/홍자색

결실기/9~10월

특징/여러 대가 같이 나와 자라며, 줄기는 마디가 있고 연약한 편이다.

용도/관상용 · 약용

술패랭이꽃 *Dianthus superbus var. longicalycinus* (MAX.) WILLIAMS.

전국의 산과 들 냇가 등지의 초원에서 자란다.
높이 30~100cm로 꽃잎이 가늘게 갈라지며
6~10월에 연한 홍색 꽃이 피고 9~10월에 열매가 익는다.

효능

풀 전체 및 지상부의 줄기를 안질(眼疾) · 석림(石淋) · 이뇨(利尿) ·
수종(水腫) · 임질(淋疾) · 소염(消炎) · 고뇨(固尿) · 회충(蛔蟲) ·
늑막염(肋膜炎) · 치질(痔疾) · 난산(難産) · 인후염(咽喉炎) ·
자상(刺傷) · 생선 뼈 목에 걸린 데 등의 약으로 쓴다.
이뇨(利尿) · 장관유동운동촉진(腸管蠕動運動促進) 작용

냉초(冷草)-냉초

현삼과
Veronicastrum sibiricum (L.) PENNELL.

속명/참룡검(斬龍劍) ·
위령선(威靈仙) · 냉풀 ·
초옥매(草玉梅) · 숨위나물 ·
낭미파화(狼尾巴花) ·
구성초(九性草)
분포지/중부 · 북부 지방의
깊은 산 습기 있는 곳
높이/50~90cm
생육상/여러해살이풀
개화기/7~8월
꽃색/붉은빛 도는 자주색
결실기/9월
특징/대개 여러 대가
모여서 나온다.
용도/식용 · 관상용 ·
밀원용 · 약용

효능

풀 전체 및 뿌리 줄기를
통경(通經) · 정혈(淨血) ·
건위(健胃) · 중풍(中風) ·
종기(腫氣) · 이뇨(利尿)
외과용(外科用) · 방광염
(膀胱炎) 등의 약으로 쓴다.
소염(消炎) · 보간(補肝) ·
진통(鎭痛) 작용

*동속식물/털냉초

백급(白芨)-자란

난초과
Bletilla striata REICHB. fil.

꽃

속명/도구약(刀口藥) ·
연급초(連及草) ·
지라사(地螺絲) ·
백약(白藥) · 대암풀
분포지/남부 · 다도해
섬 지방 및 목포 지방의
바닷가 바위틈
높이/20~30cm
생육상/여러해살이풀
개화기/5~6월
꽃색/붉은빛 도는 자주색
결실기/10월
특징/땅속에 있는
육질(肉質)의 둥근 줄기
(球莖)는 속이 흰색으로
이것을 백급(白芨)이라
한다.
용도/관상용 · 약용

효능

둥근 줄기를
수렴(收斂) · 지혈(止血) ·
배농(排膿) · 종처(腫處)
등의 약으로 쓴다.
지혈(止血) · 항균(抗菌) ·
항진균(抗眞菌) 작용

생지황(生地黃)-지황

현삼과
Rehmannia glutinosa (GAERTNER) LIBOSCHTZ.

속명/숙지황(熟地黃), 건지(乾地)·생지(生地)·선지황(鮮地黃)·
건지황(乾地黃)·야지황(野地黃)·선생지(鮮生地)·천황(天黃)·
인황(人黃)·산백약(山白藥)·산연(山煙)·산한연근(山旱煙根)
분포지/약초 식물로 농가에서 재배한다. 중국 원산
높이/15~18cm
생육상/여러해살이풀
개화기/6~7월
꽃색/붉은빛 도는 자주색
결실기/10월
특징/감색의 땅속 뿌리는 굵고 옆으로 자란다.
잎 표면에 주름이 많이 지고 전체에 짧은 털이 있다.
용도/관상용·약용

뿌리

효능

뿌리를 보혈(補血) · 강장(强壯) · 결핵(結核) · 토혈(吐血) ·
진정(鎭靜) · 결핵성쇠약(結核性衰弱) · 빈혈(貧血) ·
자궁출혈(子宮出血) 등의 약으로 쓴다. 억제(抑制) 작용

*생지황은 생뿌리, 건지황은 말려서 조제한 것, 숙지황은 불에 쪄서 조제한 약재이다.

충위자(茺蔚子)–익모초

꿀풀과
Leonurus sibiricus LINNE.

꽃

속명/사능초(四稜草)·
익모초자(益母草子)·
세엽익모초(細葉益母草)·
곤초(坤草)·충위(茺蔚)·
충초(茺草)·야마(野麻)·
홍화애(紅花艾)·
익모호(益母蒿)·
익모채(益母茱)·
야고초(野姑草)·
계모초(鷄母草)·암눈비앗
분포지/전국의 낮은 지대
집 근처 빈터나 텃밭
높이/100cm 안팎
생육상/두해살이풀
개화기/7~9월
꽃색/연한 붉은빛 도는
자주색
결실기/9~10월
특징/원줄기는 둔하게
네모지며 흰털이 있고
가지가 갈라진다.
부인병에 많이 쓰는 데서
익모초라 한다.
용도/밀원용·약용

효능

풀 전체 및 씨를 사독(蛇毒)·자궁수축(子宮收縮)·지혈(止血)·
결핵(結核)·부종(浮腫)·만성맹장염(慢性盲腸炎)·유방염(乳房炎)·
대하증(帶下症)·창종(瘡腫)·산후지혈(産後止血)·보정(補精) 등의
약으로 쓴다. 자궁수축(子宮收縮)·이뇨(利尿) 작용

홍화(紅花)-잇꽃

국화과
Carthamus tinctorius LINNE.

꽃

속명/두홍화(杜紅花) ·
홍란(紅蘭) · 황란(黃蘭) ·
홍란화(紅蘭花) · 호애꽃 ·
초홍화(草紅花) · 호람화 ·
홍화미자(紅花尾子)
분포지/농가에서
재배한다. 이집트 원산
높이/100cm 안팎
생육상/두해살이풀
개화기/ 7~8월
꽃색/붉은색, 노란색
결실기/10월
특징/전체에 털이 없으며,
잎의 끝이 가시처럼 된다.
용도/공업용(염료재) · 약용

효능

황색 색소를 제거하고
조제한 꽃을 통경(通經) ·
어혈(瘀血) · 지혈(止血) ·
해산촉진(解産促進) ·
부인병(婦人病) 등의
약으로 쓴다.
자궁수축(子宮收縮) ·
혈압강하(血壓降下) ·
혈관확장(血管擴張) 작용

흑두(黑豆)-콩

콩과
Glycine max MERR.

속명/흑대두(黑大豆) · 오두(烏豆) · 대두(大豆) · 황두(黃豆) ·
백두(白豆) · 모두(毛豆) · 청두(靑豆) · 묘안(描眼) · 풋대콩
분포지/곡물로 흔히 재배한다. 중국 원산
높이/60cm 안팎
생육상/한해살이풀
개화기/7~8월
특징/잎과 더불어 갈색의 털이 있고, 씨의 색깔이 여러 가지이다.
꽃색/붉은빛이 도는 자주색, 흰색
결실기/10월
용도/식용 · 공업용 · 약용

효능

검은색의 씨를 부종(浮腫) · 사하(瀉下) 등의
약으로 쓴다. 이완(弛緩) 작용

꽃

향유(香薷)—향유

꿀풀과
Elsholtzia ciliata (THUNB.) HYANDER.

속명/향여(香茹) · 산소자(山蘇子) · 호유(胡薷) · 수형개(水荊芥) ·
야소마(野蘇麻) · 배향초(排香草) · 형개초(荊芥草) · 취향마(臭香麻) ·
변지화(邊枝花) · 노아기 · 쥐깨풀 · 쇄기
분포지/전국의 산과 들 초원 및 집 부근의 빈터
높이/30~60cm
생육상/한해살이풀
개화기/8~9월
꽃색/붉은빛이 도는 자주색
결실기/10월
특징/원줄기는 네모지고 털이 있으며 곧게 자란다. 방향성 식물
용도/식용 · 밀원용 · 약용

꽃향유 *Elsholtzia splendens* NAKAI.

전국의 산과 들에 자라는 여러해살이풀이다.
높이 60cm 안팎이고 원줄기는 네모지며 흰털이 줄지어 돋아난다.
9~10월에 자주색 꽃이 피고 향유보다 꽃송이가 훨씬 크며
꽃은 향유와 같이 한쪽으로 치우쳐서 달린다.

효능

꽃이 필 무렵의 풀 전체 말린 것을 발한(發汗) · 이뇨(利尿) ·
수종(水腫) · 해열(解熱) · 지혈(止血) 등의 약으로 쓴다.
발한해열(發汗解熱) · 이뇨(利尿) 작용

*동속식물/흰향유, 좀향유

현초(玄草)–이질풀

쥐손이풀과
Geranium nepalense subsp. thunbergii
(S. et Z.) HARA.

속명/방우아묘(牻牛兒苗)·방우아묘초(牻牛兒苗草)·쥐손이풀
분포지/전국의 낮은 지대 길가 초원 및 집 근처 빈터
높이/50cm 안팎·개화기/8~9월·결실기/10월
생육상/여러해살이풀
꽃색/붉은빛 도는 자주색, 연한 붉은색, 흰색
특징/줄기에 퍼진 털이 많이 나고 뿌리가 여러 개로 갈라진다.
용도/약용

효능

풀 전체 또는 지상부의 줄기와 잎 말린 것을 적리(赤痢)·역리(疫痢)·
변비(便秘)·통경(通經)·위장병(胃腸病)·지이(止痢)·종창(腫瘡)·
피부병(皮膚病)·위궤양(胃潰瘍)·대하증(帶下症)·방광염(膀胱炎)·
지사(止瀉) 등의 약으로 쓴다. 수렴지사(收斂止瀉)·치질(痔疾)·
종기(腫氣) 등에 응용

쥐손이풀 *Geranium sibiricum* LINNE.
전국의 산과 들 초원에 자란다.
높이 30~80cm로 줄기가 비스듬히
옆으로 뻗으며 6~8월에 연한
붉은색, 붉은 자주색 꽃이 핀다.

삼쥐손이풀 *Geranium soboliferum* KOM.
강원도 이북 지방의 깊은 산 초원에
자란다. 높이 60~80cm로
전체에 가는 털이 있다. 8~9월에
짙은 붉은 자주색 꽃이 핀다.

둥근이질풀 *Geranium koreanum* KOM.
대개 높은 산에 자란다.
높이 50cm 안팎으로 여러 대가
한포기에서 나오고 6~8월에
연한 붉은색 꽃이 핀다.

선이질풀 *Geranium krameri* FR. et SAV.
전국의 산과 들에 자란다.
높이 60~80cm로 곧게 서거나
옆으로 눕고 7~8월에
연한 붉은색 꽃이 핀다.

털쥐손이풀 *Geranium eriostemon* FISCH.
중부·북부 지방의 고산 지대에
자란다. 높이 100cm 안팎이고
전체에 긴 흰털이 많다. 7~8월에
연한 자주색, 붉은 자주색 꽃이 핀다.

경천(景天)-꿩의비름

돌나물과
Sedum erythrostichum MIQ.

속명/계화(戒火)·
대엽경천(對葉景天)·
경천초(景天草)·꿩비름
분포지/전국의 산
양지 바른 초원
높이/30~90cm
생육상/여러해살이풀
개화기/8~9월
꽃색/흰색 바탕에
붉은빛이 돈다.
결실기/10월
특징/잎이 두껍고
육질(肉質)이며
원줄기가 굵은 편이다.
용도/관상용·약용

큰꿩의비름 *Sedum spectabile* BOREAU.

전국의 산에 자라는 여러해살이풀이다.
높이 30~70cm이고 줄기는 녹색빛이 도는 흰색이다.
8~9월에 붉은빛 도는 자주색 꽃이 피며 10월에 열매가 익는다.

효능

풀 전체 및 줄기를 대하증(帶下症)·강장(强壯)·
선혈(鮮血)·단독(丹毒) 등의 약으로 쓴다.
청열해독(清熱解毒)·지혈(止血) 작용

하고초(夏枯草) – 꿀풀

꿀풀과
Prunella vulgaris var. lilacina NAKAI.

192

속명/하고화(夏枯花) · 아주하고초(亞洲夏枯草) · 하고두(夏枯頭) · 양호초(羊胡草) · 봉두초(棒頭草) · 권두모(券頭母) · 하고구(夏枯球) · 하고(夏枯) · 꿀방망이
분포지/전국의 산과 들 길가 초원
높이/20~30cm
생육상/여러해살이풀
개화기/5~7월
꽃색/붉은 자주색
결실기/6월
특징/전체에 흰털이 있고 원줄기가 네모지다. 여름에 꽃이 지고 나서 꽃대가 말라 죽기 때문에 하고초라한다.
용도/식용 · 관상용 · 밀원용 · 약용

효능

꽃이 피기 직전의 꽃이삭 말린 것을 강장(强壯) · 고혈압(高血壓) ·
자궁염(子宮炎) · 이뇨(利尿) · 안질(眼疾) · 갑상선종(甲狀腺腫) ·
임질(淋疾) · 나력(癩瀝) · 두창(頭瘡) · 각종(脚腫) · 해열(解熱) ·
연주창(連珠瘡) 등에 약으로 쓴다.
이뇨(利尿) · 항균(抗菌) · 혈압강하(血壓降下) · 항종류(抗腫瘤) 작용

흑축(黑丑)-나팔꽃

메꽃과
Pharbitis nil CHOIS.

열매

속명/견우자(牽牛子) · 백축(白丑) · 견우(牽牛) · 이축(二丑) · 조안(朝顔) · 견우화(牽牛花) · 라팔화(喇叭花) · 조양화(朝陽花) · 라팔화자(喇叭花子) · 견우랑(牽牛郎) · 흑백축(黑白丑) · 털잎나팔꽃
분포지/관상초로 흔히 심는다. 아시아 원산
높이/길이 3m 안팎
생육상/한해살이풀
개화기/7~8월
꽃색/흰색, 붉은색, 붉은빛 도는 자주색
결실기/9~10월
특징/원줄기가 왼쪽으로 감고 올라가며, 줄기에 밑을 향해 털이 많이 나 있다. 덩굴성 식물
용도/관상용 · 약용

효능

씨를 부종(浮腫) · 사하(瀉下) · 수종(水腫) · 이뇨(利尿) · 낙태(落胎) ·
요통(腰痛) · 각기(脚氣) · 야맹증(夜盲症) · 풍종(風腫) · 태독(胎毒)
등의 약으로 쓴다. 사하(瀉下) · 이뇨(利尿) · 살충(殺蟲) 작용

권삼(拳參)-범꼬리

여뀌과
Bistorta manshuriensis KOM.

속명/자삼(紫參) · 중루(重樓) · 도근초(倒根草) · 초하차(草河車)
분포지/남부 · 중부 지방의 깊은 산 골짜기 양지 바른 초원
높이/30~80cm
생육상/여러해살이풀
개화기/6~8월
꽃색/연한 붉은색, 흰색
결실기/9월
특징/전체에 털이 없거나 잎 뒷면에 흰털이 있고,
뿌리 줄기(根莖)는 짧고 크며 많은 잔뿌리가 있다.
용도/관상용 · 밀원용 · 약용

효능

풀 전체 및 뿌리 줄기를 통경(通經) · 수렴(收斂) · 지사(止瀉) · 지혈(止血)
등의 약으로 쓴다. 지혈(止血) · 항균(抗菌) · 소염(消炎) · 수렴(收斂) 작용

양지황엽(洋地黃葉)-디기탈리스

현삼과
Digitalis purpurea LINNE.

속명/모지황(毛地黃) · 양지황(洋地黃) · 조종화(弔鐘花) · 방울깨꽃
분포지/농가에서 재배한다. 유럽 원산
높이/100cm 안팎 · 개화기/7~8월 · 결실기/9월
생육상/여러해살이풀
꽃색/붉은빛 도는 자주색, 노란색, 흰색
특징/곧게 자라고 넓은 잎에는 물결 모양의 톱니가 있다.
용도/관상용 · 약용

효능

잎을 심장성수종(心臟性水腫) · 심장염(心臟炎) ·
강심(强心) · 심장관막증(心臟冠膜症) · 이뇨(利尿) ·
심장쇠약증(心臟衰弱症) · 심근염(心筋炎) ·
강신(强腎) · 건위(健胃) 등의 약으로 쓴다.
이뇨(利尿) · 강심(强心) 작용

흰꽃

백선피(白鮮皮)-백선

운향과
Dictamnus dasycarpus TURCZ.

꽃

속명/북선피(北鮮皮) ·
양선초(羊鮮草) ·
백양선(白羊鮮) · 검화
분포지/전국의 산과 들
대개는 산기슭 그늘지고
습기 있는 초원
높이/90cm 안팎
생육상/여러해살이풀
개화기/5～6월
꽃색/연한 붉은색
결실기/10월
특징/땅속에 굵은 뿌리가
있고 원줄기는 곧게
자란다. 방향성 식물
용도/관상용 · 공업용 ·
약용

효능

뿌리를 낙태(落胎) ·
통경(痛經) · 두통(頭痛) ·
풍질(風疾) · 황달(黃疸) ·
통유(通乳) · 중풍(中風) ·
이뇨(利尿) 등의 약으로
쓴다. 항진균(抗眞菌) ·
해열(解熱) 작용

속단(續斷)–속단

꿀풀과
Phlomis umbrosa TURCZ.

199

속명/한속단(韓續斷)·
천단(川斷)·상산(常山)·
등황(燈黃)·조소(糙蘇)·
산소자(山蘇子)·
산지마(山芝麻)
분포지/전국의 깊은 산
초원
높이/100cm 안팎
생육상/여러해살이풀
개화기/7~8월
꽃색/붉은색
결실기/8~9월
특징/비대한 덩이 뿌리가
다섯 개 정도 달린다.
용도/식용·약용

효능

뿌리와 덩이 뿌리를
강장(强壯)·임질(淋疾)·
대하증(帶下症)·금창
(金瘡)·자궁염(子宮炎)·
부인병(婦人病) 등의
약으로 쓴다.
배농(排膿)·지혈(止血)·
진통(鎭痛)·조직재생
촉진(組織再生促進) 작용

대계(大薊)-엉겅퀴

국화과
Cirsium japonicum var. ussuriense KITAMURA.

뿌리

속명/대계초(大薊草) · 계(薊) · 장군초(將軍草) · 산라복(山蘿卜) · 항가새 · 마자초(馬刺草) · 자계채(刺薊菜) · 자아채(刺兒菜) · 우해풍(牛海風)
분포지/전국의 산과 들 초원
높이/50~100cm
생육상/여러해살이풀
개화기/6~8월
꽃색/자주색, 붉은색
결실기/8~9월
특징/전체에 흰털과 거미줄 같은 털이 있고 가지가 갈라진다.
용도/관상용 · 식용 · 약용

지느러미엉겅퀴
Carduus crispus LINNE.

전국의 길가 초원 특히
인가 부근의 텃밭에서 잘
자라는 두해살이풀이다.
높이 70~100cm이며
원줄기에 날개가 달리고
5~8월에 붉은빛 도는
자주색 꽃이 핀다. 6월부터
씨가 날려 땅에 떨어지면
곧 싹이 터서 자란다.

201

바늘엉겅퀴
Cirsium rhinoceros NAKAI.

제주도의 한라산에 자란다.
높이 50cm 안팎이며 가시가
유난히 날카롭다. 7~9월에
자주색 꽃이 피며,
흰꽃이 피는 것은
「흰바늘엉겅퀴」이다.

효능

뿌리 및 풀 전체를 감기(感氣) · 금창(金瘡) · 지혈(止血) · 토혈(吐血) ·
창종(瘡腫) · 부종(浮腫) · 안태(安胎) · 음창(淫瘡) · 대하증(帶下症) 등의
약으로 쓴다. 지혈(止血) · 소염(消炎) · 이뇨(利尿) 작용

소자(蘇子)-차조기

꿀풀과
Perilla frutescens var. acuta KUDO.

속명/소엽(蘇葉) · 자소자(紫蘇子) · 흑소자(黑蘇子) · 자소엽(紫蘇葉) ·
청소엽(靑蘇葉) · 자소(紫蘇) · 홍소(紅蘇) · 홍자소(紅紫蘇) · 흑소(黑蘇) ·
백소(白蘇) · 소마(蘇麻) · 적소(赤蘇) · 야소(野蘇) · 자소초(紫蘇草) ·
소근(蘇根) · 소엽자(蘇葉子) · 자주깨 · 붉은깨
분포지/각지의 농가에서 재배한다. 중국 원산
높이/20~80cm
생육상/한해살이풀
개화기/8~9월
꽃색/연한 자주색
결실기/10월
특징/원줄기가 둔하게 네모지고 곧게 서며
가지가 갈라진다. 방향성 식물
용도/식용 · 공업용 · 약용

씨

청소엽 *for. viridis* MAKINO.

차조기와 같은 품종(品種)으로 잎이 푸른색을 띤다. 잎이 자주색이고 주름이 많이 지는 것 등 여러 가지의 품종이 개량되었다.

효능

씨와 잎을 발한(發汗) · 지혈(止血) · 해열(解熱) · 몽정(夢精) · 유방염(乳房炎) · 진해(鎭咳) · 풍질(風疾) · 진통(鎭痛) · 진정(鎭靜) · 이뇨(利尿) 등의 약으로 쓴다. 잎은 발한해열(發汗解熱) · 이뇨(利尿) · 건위(健胃) · 위장유동운동촉진(胃腸蠕動運動促進) · 거담(祛痰) 작용

연자육(蓮子肉)-연

수련과
Nelumbo nucifera GAERTNER.

꽃

속명/하엽채(荷葉菜)·
하엽(荷葉)·연육(蓮肉)·
연근(蓮根)·하화(荷花)·
연화(蓮花)·우절(藕節)·
석연자(石蓮子)·하(荷)·
연자(蓮子)·우(藕)·
연실(蓮實)·연꽃·연밥
분포지/각지의 연못에
심는다. 인도 원산
높이/100cm 안팎
생육상/여러해살이풀
개화기/7~8월
꽃색/붉은색, 흰색
결실기/10월
특징/땅속의 뿌리가
옆으로 길게 자라고,
가을이 되면 끝부분이
굵고 비대(肥大)해지며
속은 구멍이 뚫린다.
용도/식용·관상용·약용

뿌리

효능

씨와 뿌리 줄기(根莖), 잎 말린 것을 지혈(止血) · 지사(止瀉) ·
변혈(便血) · 장치(腸痔) · 탈항(脫肛) · 대하(帶下) · 치폐(治肺) ·
강장(强壯) · 지갈(止渴) · 진통(鎭痛) · 주독(酒毒) · 보익(補益) ·
어혈(瘀血) · 해열(解熱) · 폐염(肺炎) · 해수(咳嗽) · 야뇨(夜尿) ·
양정신(養精神) · 근골(筋骨) · 신경쇠약(神經衰弱) · 건위(健胃) ·
임질(淋疾) · 요통(腰痛) · 최토(催吐) · 안태(安胎) · 안산(安産) ·
신장염(腎臟炎) · 부인병(婦人病) 등의 약으로 쓴다.
연자육(蓮子肉)은 수렴(收斂) · 진정(鎭靜) · 자양(滋養) 작용
우절(藕節)은 수렴(收斂) 작용
하엽(荷葉)은 혈관확장(血管擴張) · 항균(抗菌) 작용

현호색(玄胡索)-현호색

양귀비과
Corydalis turtschaninovii BESS.

뿌리

속명/원호(元胡) ·
연호색(延胡索) ·
람작화(藍雀花) ·
람화채(藍花菜)
분포지/각지의 산과 들
집 부근이나 산기슭
높이/20cm 안팎
생육상/여러해살이풀
개화기/4~5월
꽃색/연한 홍자색, 청자색
결실기/6월
특징/덩이 줄기(塊莖)의
속이 노랗고 줄기는
연약하다. 유독성 식물
용도/약용

효능

덩이 줄기를
진경(鎭痙) · 진통(鎭痛) ·
조경(調經) · 두통(頭痛) ·
타박상(打撲傷) ·
월경통(月經痛) 등의
약으로 쓴다.
진통(鎭痛) · 진정(鎭靜) ·
진경(鎭痙) · 진토(鎭吐)
작용

왜현호색 *Corydalis ambigua* CHAM. et SCHLECHTEND.

남부 · 중부 지방의 산과 들
깊은 산 숲속에 자라는
유독성 식물이다.
높이 10~30cm이며
땅속에 덩이 줄기가 있고
4~5월에 푸른빛이 도는
자주색 꽃이 핀다.

들현호색 *Corydalis ternata* NAKAI.

전국의 산기슭이나
논밭 근처의 둑에 자라는
유독성 식물이다. 높이 20cm
안팎으로 땅속 줄기가 뻗으면서
작은 덩이 줄기를 형성하며
4~5월에 붉은빛 도는
자주색 꽃이 핀다.

댓잎현호색 *Corydalis turtschaninovii var. linearis* (REGEL) NAKAI.

전국의 낮은 지대 밭둑 등에
자라는 유독성 식물이다.
땅속에 덩이 줄기가 있고
풀잎이 가늘게 갈라지며
4~5월에 연한 붉은빛 도는
자주색 꽃이 핀다.

점현호색 *Corydalis maculata* B. OH. et Y.KIM.

중부 지방의 깊은 산 골짜기에
자라는 유독성 식물이다.
높이 20cm 안팎으로
땅속에 덩이 줄기가 있고
풀잎에 흰점이 있으며
3~4월에 푸른빛이 도는
자주색 꽃이 핀다.

편축(萹蓄)-마디풀

여뀌과
Polygonum aviculare LINNE.

열매

속명/편축료(萹蓄蓼)·
편죽(萹竹)·조료(鳥蓼)·
저아채(猪牙菜)·
분령초(粉笒草)·돼지풀·
편저아(萹猪芽)·모노리·
도생초(道生草)·매듭나물
분포지/각지에서 자란다.
높이/30~40cm
생육상/한해살이풀
개화기/6~8월
꽃색/붉은색, 흰색
결실기/8~9월
특징/털이 없고 가지가
많이 갈라진다.
용도/식용·약용

효능

풀 전체를 구충(驅蟲)·
치질(痔疾)·곽란(藿亂)·
황달(黃疸)·창종(瘡腫)·
외치(外痔)·살충(殺蟲)·
음식(陰蝕)·이뇨(利尿)
등의 약으로 쓴다.
이뇨(利尿)·항균(抗菌)
구충(驅蟲) 작용

길초근(吉草根)-쥐오줌풀

마타리과
Valeriana fauriei BRIQ.

속명/길초(吉草) ·
법씨힐초(法氏纈草)
분포지/전국의 깊은 산
약간 습기 있는 초원
높이/40~80cm
생육상/여러해살이풀
개화기/5~8월
꽃색/연한 붉은색
결실기/7~9월
특징/밑에서 뻗는
가지가 자라 번식하며
마디 부근에 긴 흰털이
있다. 방향성 식물
용도/식용 · 약용

효능
뿌리 줄기(根莖)를
진경(鎭痙) · 진정(鎭靜) ·
신경과민(神經過敏) ·
히스테리 등의 약으로
쓴다. 진정(鎭靜) 작용

*동속근연식물/넓은잎쥐오줌풀,
털쥐오줌풀

검인(芡仁)-가시연

수련과
Euryale ferox SALISB.

꽃

속명/계두자(鷄頭子) · 계두(鷄頭) · 검실(芡實) · 자화연(紫花蓮) · 자아연(刺兒蓮) · 검화(芡花)

분포지/남부 · 중부 지방의 연못

높이/20~30cm

생육상/한해살이풀

개화기/7~9월

꽃색/밝은 자주색

결실기/9~10월

특징/잎자루 및 잎 양면에 날카로운 가시가 많이 있으며, 표면은 주름이 지고 윤기난다.

용도/식용 · 관상용 · 약용

효능

씨를 강장(强壯) · 건위(健胃) · 진통(鎭痛) · 주독(酒毒) · 보정(補精) · 곽란(霍亂) · 지혈(止血) 등의 약으로 쓴다.

수렴(收斂) · 건비(健脾) · 강장(强壯) 작용

곽향(藿香)-배초향

꿀풀과
Agastache rugosa (FISCH. et MEYER) O. KUNTZE.

속명/토곽향(土藿香) · 대박하(大薄荷) · 어향(魚香) · 인단초(仁丹草) · 대곽향(大藿香) · 야박하(野薄荷) · 가묘향(家苗香) · 계소(鷄蘇) · 방애잎 · 중개풀 · 방앳잎 · 참뇌기

분포지/전국의 산과 들 대개는 양지 바른 초원 및 잘려 나간 바위 위

높이/40~100cm · 개화기/7~9월 · 결실기/10월

생육상/여러해살이풀

꽃색/자주색

특징/줄기가 네모지고 윗부분에서 가지가 갈라진다. 방향성 식물

용도/식용 · 약용

효능

땅위의 줄기를 감기(感氣) · 종기(腫氣) · 종독(腫毒) · 곽란(藿亂) · 비위(脾胃) · 토역(吐逆) · 구토(嘔吐) · 풍습(風濕) 등의 약으로 쓴다.

진정(鎭靜) · 지사(止瀉) · 건위(健胃) · 해열(解熱) 작용

노근(蘆根) – 갈대

벼과
Phragmites communis TRIN.

212

속명/노모근(蘆茅根) · 노(蘆) · 수로죽(水蘆竹) · 달
분포지/전국의 강가 갯벌이나 하천가
높이/1~3m
생육상/여러해살이풀
개화기/9월
꽃색/자주색
결실기/10~11월
특징/원줄기는 속이 비어 있고 마디가 있으며, 뿌리 줄기(根莖)는
길게 뻗으면서 마디에서 수염뿌리가 난다.
용도/식용 · 공업용 · 약용

효능

뿌리 줄기를 진토(鎭吐) · 소염(消炎) · 이뇨(利尿) · 홍역(紅疫)
등의 약으로 쓴다. 항균(抗菌) 작용

단삼(丹參)–단삼

꿀풀과
Salvia miltiorrhiza BUNGE.

213

속명/적삼(赤參)·목양유(木羊乳)·야소자근(野蘇子根)·홍근(紅根)·
혈생근(血生根)·산소자근(山蘇子根)·홍산소근(紅山蘇根)
분포지/약초 자원으로 농가에서 재배한다. 중국 원산
높이/40~80cm·개화기/5~6월·결실기/9월
생육상/여러해살이풀
꽃색/자주색
특징/전체에 털이 많고 뿌리의 색깔이 붉기 때문에 홍근이라 한다.
용도/식용·관상용·약용

효능

뿌리를 산전산후통(産前産後痛)·강장(强壯)·통경(通經)·
낙태(落胎)·자궁출혈(子宮出血)·건위(健胃)·정장(整腸)·
부인병(婦人病) 등의 약으로 쓴다.
혈관확장(血管擴張)·항균(抗菌)·진정(鎭靜)·진통(鎭痛) 작용

마편초(馬鞭草)-마편초

마편초과
Verbena officinalis LINNE.

214

속명/철마편(鐵馬鞭) ·
용아초(龍牙草) ·
투골초(透骨草) ·
토자초(菟子草)
분포지/제주도 · 울릉도 ·
남부 다도해 섬 지방
높이/30~60cm
생육상/여러해살이풀
개화기/7~8월
꽃색/자주색
결실기/10월
특징/줄기가 곧게 자란다.
용도/약용

효능

풀 전체 및 지상부 줄기를
통경(通經) · 학질(瘧疾) ·
해열(解熱) · 태독(胎毒) ·
이질(痢疾) · 수종(水腫) ·
촉산(促産) · 종기(腫氣) ·
부스럼 등의 약으로 쓴다.
소염(消炎) · 진통(鎭痛) ·
지혈(止血) · 항균(抗菌) ·
유즙분비촉진
(乳汁分泌促進) 작용

소계(小薊)-조뱅이

국화과
Cephalonoplos segetum (BUNGE) KITAMURA.

씨

속명/자아채(刺兒菜)·
모계(猫薊)·자계(刺薊)·
청청채(青青菜)·
야홍화(野紅花)·
제제채(濟濟菜)·자라귀
분포지/전국의 집 부근
빈터나 밭 가장자리
높이/25~50cm
생육상/두해살이풀
개화기/5~8월
꽃색/자주색
결실기/7~9월
특징/잎 끝과 잎가에
작은 가시가 있다.
용도/식용·약용

효능

풀 전체를 대하증(帶下症)·
감기(感氣)·금창(金瘡)·
지혈(止血)·토혈(吐血)·
창종(瘡腫)·부종(浮腫)·
안태(安胎)·음창(淫瘡)·
강장(强壯)·이뇨(利尿)
등의 약으로 쓴다.
지혈(止血)·항균(抗菌)·
혈압강하(血壓降下) 작용

애엽(艾葉) - 쑥

국화과
Artemisia princeps var. orientalis
(PAMPAN.) HARA.

속명/생애엽(生艾葉) · 애호(艾蒿) · 애자(艾子) · 약애(藥艾) ·
산호(山蒿) · 애연(艾蓮) · 봉호(蓬蒿) · 약쑥 · 참쑥 · 모기태쑥
분포지/전국의 산과 들 길가 초원
높이/60~120cm · 개화기/7~9월 · 결실기/10월
생육상/여러해살이풀
꽃색/자주색
특징/뿌리 줄기(根莖)는 옆으로 뻗고 전체가 흰털로 덮여 있다.
용도/식용 · 약용

효능

성숙한 잎과 줄기 말린 것을 곽란(霍亂) · 지혈(止血) · 회충(蛔蟲) ·
산후하혈(産後下血) · 하리(下痢) · 개선(疥癬) · 안태(安胎) · 과식(過食) ·
누혈(漏血) · 복통(腹痛) · 토사(吐瀉) 등의 약으로 쓴다.
지혈(止血) · 항진균(抗眞菌) · 건위(健胃) 작용

육종용(肉蓗蓉)-오리나무더부살이

열당과
Boschniakia rossica
(CHAM et SCHLECHT.) FEDTSCH. et FLEROV.

속명/육송용(肉松蓉) · 종용(蓗蓉) · 대운(大雲) · 불로초(不老草)
높이/백두산 고산 지대의 두메오리나무 뿌리에 기생(寄生)한다.
높이/15~30cm
생육상/한해살이풀
개화기/7~8월
꽃색/어두운 자주색
결실기/9~10월
특징/비늘 같은 잎이 뱀가죽처럼 빽빽이 달리며 전체가 굵다. 기생 식물
용도/약용

효능

풀 전체를 보정(補精) · 강장(强壯) · 중풍(中風) 등의 약으로 쓴다.
강장(强壯) · 혈압강하(血壓降下) · 타액분비촉진(唾液分泌促進) ·
통변(通便) 작용

우방근(牛蒡根) – 우엉

국화과
Arctium lappa LINNE.

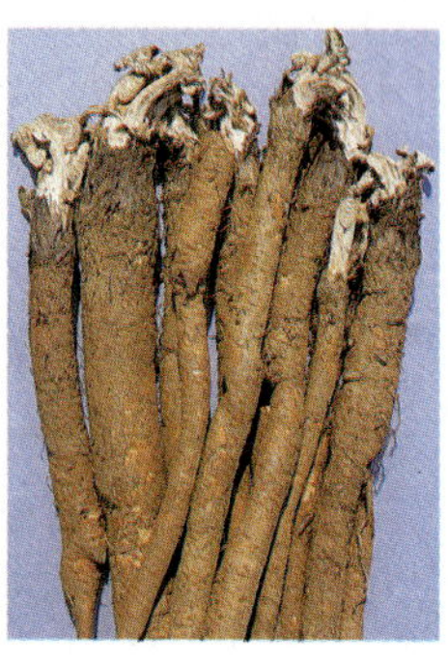

218

꽃

속명/우방자(牛蒡子)·
악실(惡實)·우자(牛子)·
우방(牛蒡)·우채(牛菜)·
토대동자(土大桐子)·
악실근(惡實根)·
서점근(鼠粘根)·
대력자(大力子)·
흑라복(黑蘿卜)·
흑풍자(黑風子)·
점창자(粘蒼子)·
무룡자(無龍子)·
흑근아(黑根兒)·
대부엽(大夫葉)
분포지/흔히 농가에서
재배한다. 인도 원산
높이/150cm 안팎
생육상/두해살이풀
개화기/7~8월
꽃색/자주색
결실기/9월
특징/땅속의 뿌리가
비대(肥大)하고, 풀잎은
넓고 뒷면에 흰빛이 돈다.
용도/식용·약용

효능

뿌리(우방근)와 씨(우방자, 악실)를 관절염(關節炎)·해독(解毒)·
풍열(風熱)·이뇨(利尿)·중풍(中風)·각기(脚氣)·발한(發汗)·
인후통(咽喉痛)·독충(毒蟲) 등의 약으로 쓴다.
이뇨(利尿)·해열(解熱)·항균(抗菌) 작용

여로(藜蘆)-여로

백합과
Veratrum maackii var. japonicum T. SHIMIZU.

꽃

속명/여로두(藜蘆頭)·
일본여로(日本藜蘆)·
뻑꾹다리
분포지/전국의 고산
지대 초원
높이/40~60cm
생육상/여러해살이풀
개화기/7~8월
꽃색/자주색
결실기/10월
특징/뿌리 줄기(根莖)가
짧고 땅속으로 비스듬히
들어간다. 유독성 식물
용도/관상용·약용

박새
Veratrum patulum LOES. fil.

각지의 산 습기 있는 곳에서 자라는 고산 식물로 여러해살이풀이다.
높이 150cm 안팎이며 독성이 강한 뿌리 줄기를 약으로 쓴다.

효능
뿌리 줄기를 강심(强心) · 감기(感氣) · 어중독(魚中毒) · 임질(淋疾) ·
통유(通乳) · 사독(蛇毒) · 곽란(藿亂) · 혈뇨(血尿) · 고혈압(高血壓) ·
최토(催吐) · 중풍(中風) · 황달(黃疸) · 개선(疥癬) · 치통(齒痛) ·
살충(殺蟲) · 구역질 등의 약으로 쓴다.
최토(催吐) · 혈압강하(血壓降下) · 심박동억제(心搏動抑制) ·
항결핵(抗結核) 작용

율초(葎草)-환삼덩굴

뽕나무과
Humulus japonicus S. et Z.

암꽃

속명/가고과(假苦瓜)·
률(葎)·노호등(老虎藤)·
늑초(勒草)·범삼덩굴
분포지/전국의 낮은
지대 길가 초원 및
집 근처 빈터
높이/길이 3m 안팎
생육상/한해살이풀
개화기/7~10월
꽃색/자주색
결실기/9~11월
특징/원줄기와 잎자루에
잔 가시가 많이 있다.
덩굴성 식물
용도/약용

효능

풀 전체 또는 지상부
줄기를 파상풍(破傷風)·
오림(五淋)·학질(瘧疾)·
나창(癩瘡)·진정(鎭靜)·
고미건위(苦味健胃)·
이뇨(利尿) 등의 약으로
쓴다. 항진균(抗眞菌)·
항결핵(抗結核)·
항균(抗菌) 작용

자원(紫菀)-개미취

국화과
Aster tataricus LINNE.

꽃

속명/자원두(紫菀頭)·
소판(小瓣)·백원(白菀)·
협판채(夾板菜)·
산백채(山白菜)
분포지/전국의 깊은 산
습기 있는 곳
높이/100~150cm
생육상/여러해살이풀
개화기/7~10월
꽃색/자주색
결실기/10월
특징/뿌리 줄기(根莖)가
짧다.
용도/식용·관상용·약용

효능

뿌리 줄기 또는 풀 전체를
거풍(祛風)·토혈(吐血)·
보익(補益)·이뇨(利尿)·
해수(咳嗽)·창종(瘡腫)·
경풍(驚風)·진해(鎭咳)·
후두염(喉頭炎)·인후종
(咽喉腫)·거담(祛痰) 등의
약으로 쓴다. 거담(祛痰)·
항균(抗菌)·이뇨(利尿)·
항결핵(抗結核) 작용

제니(薺苨)-모싯대

도라지과
Adenophora remotiflora (S. et Z.) MIQ.

속명/백면근(白面根) ·
장엽사삼(長葉沙參) ·
첨길경(甛桔梗) · 게루기 ·
왜발채(歪脖菜) ·
왜발채근(歪脖菜根) ·
행삼(杏參) · 오시대 ·
뭉아지 · 모계룩이
분포지/전국의 깊은 산
숲속의 약간 그늘진 곳
높이/40~100cm
생육상/여러해살이풀
개화기/8~9월
꽃색/자주색
결실기/10~11월
특징/땅속 뿌리가 굵고
꽃이 밑을 향해 달린다.
용도/식용 · 관상용 · 약용

효능

뿌리를 경기(驚氣) ·
한열(寒熱) · 익담(益膽) ·
해독(解毒) · 거담(祛痰)
등의 약으로 쓴다.
청열(清熱) · 해독(解毒) ·
화담(化痰) 작용

세신(細辛)-족도리풀

쥐방울덩굴과
Asarum sieboldii MIQ.

속명/만병초(萬病草) · 화세신(華細辛) · 마제향(馬蹄香) · 세삼(細參) ·
대약(大藥) · 연대과화(烟袋鍋花) · 연대과초(烟袋鍋草) · 털족두리풀
분포지/전국의 산 나무 밑 그늘
높이/20cm 안팎 · 개화기/4~5월 · 결실기/8월
생육상/여러해살이풀
꽃색/검은빛 나는 붉은 자주색
특징/뿌리 줄기(根莖)는 마디가 많고 육질(肉質)이며,
뿌리에 매운맛이 있기 때문에 세신이라 한다. 유독성 식물
용도/약용

효능

지상부의 잎과 잎자루를 제거한 뿌리 줄기를 진해(鎭咳) · 진통(鎭痛) ·
이뇨(利尿) · 감기(感氣) · 두통(頭痛) · 진정(鎭靜) · 발한(發汗) ·
거담(祛痰) 등의 약으로 쓴다. 해열(解熱) · 항균(抗菌) · 진통(鎭痛) 작용

자화지정(紫花地丁)-제비꽃

제비꽃과
Viola mandshurica W. BECKER.

226

속명/지정초(地丁草) · 근근채(菫菫菜) · 동북근채(東北菫菜) ·
오랑캐꽃 · 병아리꽃 · 씨름꽃
분포지/전국의 낮은 곳 길가 초원이나 집 부근의 빈터
높이/5~20cm · 개화기/4~5월 · 결실기/8~9월
생육상/여러해살이풀
꽃색/자주색
특징/원줄기가 없고 뿌리에서 잎과 꽃대가 같이 나온다.
용도/식용 · 관상용 · 약용

효능

풀 전체를 태독(胎毒) · 중풍(中風) · 발육촉진(發育促進) · 고민(苦憫) ·
간장기능촉진(肝臟機能促進) · 사하(瀉下) · 통경(通經) · 최토(催吐) ·
부인병(婦人病) · 발한(發汗) · 설사(泄瀉) 등의 약으로 쓴다.
소염(消炎) · 항균(抗菌) · 항진균(抗眞菌) 작용

호제비꽃
Viola yedoensis MAKINO.
전국의 길가에 흔히 나는
여러해살이풀이다. 높이
5~20cm로 원줄기는 없고
4~5월에 자주색 꽃이 핀다.

서울제비꽃
Viola seoulensis NAKAI.
서울 근교에 자라는
여러해살이풀이다.
높이 20cm 안팎으로
뿌리 줄기가 굵고 4~5월에
연한 자주색 꽃이 핀다.

남산제비꽃
Viola dissecta var.chaerophylloides
(REGEL) MAKINO.
각지의 산에 흔히 자라는
여러해살이풀이다.
높이 20cm 안팎으로
잎이 가늘게 갈라지고
4~5월에 흰색 꽃이 핀다.

태백제비꽃 *Viola albida* PALIBIN.
각지의 산 숲속에 자라는
여러해살이풀이다.
높이 25cm 안팎으로 땅속의
뿌리가 여러 개로 갈라지고
4~5월에 흰색 꽃이 핀다.

노랑제비꽃
Viola orientalis W. BECKER.
각지의 산 높은 곳 양지 바른
산기슭에서 자란다. 높이
10~20cm이며 줄기가 곧다.
4~6월에 노란색 꽃이 핀다.

진교(秦艽)-진범

미나리아재비과
Aconitum pseudo-laeve var. erectum NAKAI.

열매

속명/진봉(秦艽)·
백부자(白附子)·
마랍화(馬拉花)·
오독도기
분포지/전국의 깊은 산
숲속 그늘
높이/30~80cm
생육상/여러해살이풀
개화기/8~9월
꽃색/자주색
결실기/10월
특징/원줄기는 곧게
또는 옆으로 비스듬히
자라고, 줄기는 자줏빛이
돌며 윗부분에 짧은
털이 빽빽이 난다.
용도/약용

229

흰진범
Aconitum longecassidatum NAKAI.

중부 · 북부 지방의 깊은 산 숲속 그늘에서 자라는 여러해살이풀이다.
길이 200cm 안팎이고 옆으로 비스듬히 자라거나 덩굴처럼 올라가며 자라고
윗부분에 잔털이 빽빽이 난다. 8~9월에 흰색 꽃이 피며
10월에 열매가 익는다.

효능
뿌리를 중풍(中風) · 실음(失音) · 냉풍(冷風) · 진경(鎭痙) ·
진정(鎭靜) · 이뇨(利尿) · 강심(强心) · 살충(殺蟲) · 황달(黃疸) ·
진통(鎭痛) · 종기(腫氣) · 충독(蟲毒) 등의 약으로 쓴다.
소염(消炎) · 해열(解熱) · 진통(鎭痛) · 진정(鎭靜) ·
혈당상승(血糖上昇) · 혈압강하(血壓降下) · 항균(抗菌) 작용

초오(草烏) - 놋젓가락나물

미나리아재비과
Aconifum ciliare DC.

속명/토부자(土附子) · 생부자(生附子) · 선덩굴바꽃 · 놋젓가락풀
분포지/전국의 깊은 산 숲속 그늘
높이/길이 2m 안팎
생육상/여러해살이풀
개화기/8~9월
꽃색/자주색
결실기/10월
특징/마늘쪽 같은 뿌리 줄기(根莖)를 초오라 한다. 덩굴성 식물, 유독성 식물
용도/관상용 · 약용

효능

뿌리를 냉풍(冷風) · 강심(强心) · 이뇨(利尿) · 진경(鎭痙) · 수렴(收斂) ·
정종(丁腫) · 한반(汗斑) · 관절염(關節炎) · 풍습(風濕) · 신경통(神經痛) ·
진통(鎭痛) · 개선(疥癬) · 종기(腫氣) · 충독(蟲毒) 등의 약으로 쓴다.
진통(鎭痛) · 강심(强心) 작용

노랑투구꽃 *Aconitum sibiricum* POIR.

중부 · 북부 지방의 태백산맥을
따라 깊은 산에 자라는
유독성 식물이다. 높이 100cm
안팎이며 9월에 노란색 꽃이
피고 10월에 열매가 익는다.

투구꽃 *Aconitum jaluense* KOM.

중부 · 북부 지방의 깊은 산에
자라는 유독성 식물이다.
높이 100cm 안팎으로
9월에 자주색 꽃이 피며
10월에 열매가 익는다.

그늘돌쩌귀 *Aconitum uchiyamai* NAKAI.

남부 · 중부 · 북부 지방의
깊은 산 숲속에 자라는 유독성
식물이다. 높이 100cm 안팎이며
8~9월에 푸른빛 도는 자주색
꽃이 피고 10월에 열매가 익는다.

지리바꽃 *Aconitum chiisanense* NAKAI.

지리산 및 중부 · 북부 지방의
깊은 산에 자라는 유독성 식물로
높이 100cm 안팎이고 7~9월에
자주색 꽃이 피며 9~10월에
열매가 익는다.

진돌쩌귀 *Aconitum seoulense* NAKAI.

경기도 이북 지방의 산에 자라는
유독성 식물이다. 높이 100cm
안팎으로 9월에 자주색 꽃이
피고 10월에 열매가 익는다.

패모(貝母)-패모

백합과
Fritillaria ussuriensis MAXIM.

속명/절패모(浙貝母) · 경천패(京川貝) · 천패모(川貝母)
분포지/북부 지방 고산 지대 백두산 등지
높이/50cm 안팎
생육상/여러해살이풀
개화기/5~6월
꽃색/자주색
결실기/7~8월
특징/땅속의 비늘 줄기(鱗莖)가 둥글며 밑부분에 수염뿌리가 달린다.
용도/관상용 · 약용

중국패모 *Fritillaria verticillata var. thunbergii* BAK.

중국 원산이며 약용 식물로 재배하는 여러해살이풀이다.
높이 30~80cm이고 4~5월에 연한 노란색의 꽃이 핀다.

효능

비늘 줄기를 통유(通乳) · 거담(祛痰) · 진정(鎭靜) · 악창(惡瘡) ·
혈압강하(血壓降下) · 유방염(乳房炎) · 진해(鎭咳) 등의 약으로 쓴다.
중추신경마비(中樞神經麻痺) · 혈압강하(血壓降下) · 진해(鎭咳) 작용

당귀(當歸)−참당귀

미나리과
Angelica gigas NAKAI.

234

속명/전당귀(全當歸) ·
서당귀(西當歸) ·
대당귀(大當歸) ·
조선당귀(朝鮮當歸) ·
승엄초 · 신감채 · 신감초
분포지/남부 · 중부 ·
북부 지방의 깊은 산
골짜기 냇가 근처
높이/100~200cm
생육상/여러해살이풀
개화기/8~9월
꽃색/자주색
결실기/10월
특징/땅속에 굵은 뿌리가
있다. 방향성 식물
용도/식용 · 관상용

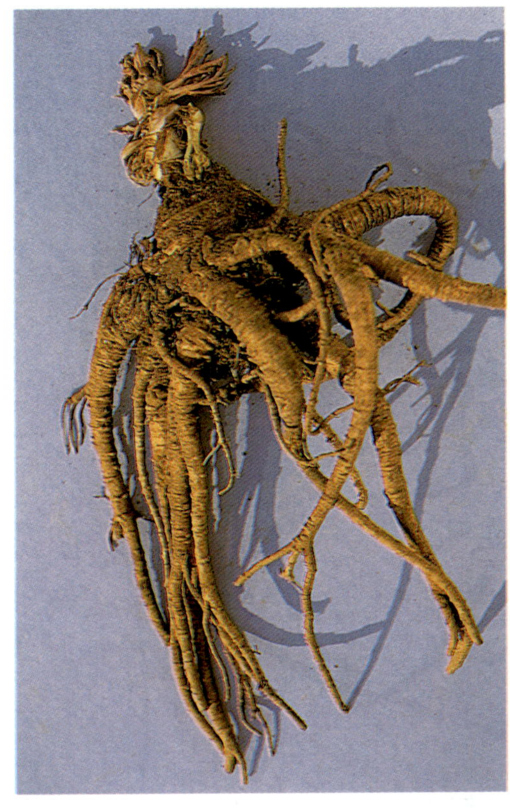

뿌리

효능

뿌리를 치질(痔疾) · 익기(益氣) · 익정(益精) · 강장(强壯) ·
수태(受胎) · 진정(鎭精) · 통경(通經) · 이뇨(利尿) · 간질(癎疾) ·
정혈(淨血) · 치통(齒痛) · 빈혈(貧血) · 신혈(新血) · 구역질 등의
약으로 쓴다.
자궁기능조절(子宮機能調節) · 진정(鎭靜) · 진통(鎭痛) ·
이뇨(利尿) · 항균(抗菌) · 사하(瀉下) 작용

모근(茅根)-띠

벼과
Imperata cylindrica var. koenigii
(RETZ.) DURAND et SCHINZ.

속명/백모근(白茅根) · 선모근(鮮茅根) · 공니백모(孔尼白茅) · 삐비 · 삘기
분포지/전국의 산과 들 양지 바른 초원
높이/30~80cm · 개화기/5월 · 결실기/6월
생육상/여러해살이풀 · 꽃색/검은빛이 도는 자주색
특징/봄에 꽃이 피기 전의 꽃이삭을 삐비라 하며 이를 뽑아서 먹는다.
뿌리 줄기(根莖)는 땅속 깊숙이 뻗고 마디에 털이 있다.
용도/식용 · 약용

효능

뿌리 줄기(根莖)를 이뇨(利尿) · 부종(浮腫) · 신장염(腎臟炎) ·
고혈압(高血壓) · 보익(補益) · 해열(解熱) · 구토(嘔吐) · 주독(酒毒) ·
청혈(淸血) · 소염(消炎) · 창종(瘡腫) · 월경불순(月經不順) · 지혈(止血) ·
피부염(皮膚炎) · 치임(治淋) · 황달(黃疸) · 방광염(膀胱炎) · 폐병(肺病) ·
수종(水腫) 등의 약으로 쓴다. 이뇨(利尿) · 지혈(止血) 작용

랑탕근(莨菪根)-미치광이풀

가지과
Scopolia japonica MAXIM.

속명/랑탕엽(莨菪葉) · 소화산랑탕(小花山莨菪) · 산랑탕(山莨菪) ·
이박사풀 · 광대작약 · 스코폴리아근
분포지/남부 · 중부 지방의 깊은 산 숲속 그늘
높이/30~60cm · 개화기/4~5월 · 결실기/7월
생육상/여러해살이풀
꽃색/자주색
특징/뿌리 줄기(根莖)가 굵고 옆으로 자란다. 유독성 식물
용도/관상용 · 약용

효능

뿌리 줄기를 신경통(神經痛) · 백일해(百日咳) ·
진정(鎭靜) · 이뇨(利尿) · 천식(喘息) · 치통(齒痛) ·
탈항(脫肛) · 구토(嘔吐) · 치질(痔疾) · 진통(鎭痛)
등의 약으로 쓴다. 부교감신경마비(副交感神經麻痺) ·
진통진경(鎭痛鎭痙) 작용   *동속식물/노랑미치광이풀

새싹

용담(龍膽)-용담

용담과
Gentiana scabra var. buergeri (MIQ.) MAXIM.

238

속명/초용담(草龍膽) · 용담초(龍膽草) · 거친과남풀 · 룡담 · 가는과남풀
분포지/전국의 산 초원
높이/20~60cm
생육상/여러해살이풀
개화기/8~10월 · 결실기/11월
꽃색/자주색
특징/뿌리 줄기(根莖)는 짧으며 굵은 수염뿌리가 있다.
용도/관상용 · 약용

잎과 줄기

효능

뿌리 줄기를 건위(健胃) · 창종(瘡腫) · 개선(疥癬) ·
간질(癎疾) · 도한(盜汗) · 경풍(驚風) · 회충(蛔蟲) ·
습진(濕疹) · 설사(泄瀉) · 심장병(心臟病) 등의 약으로
쓴다. 건위(健胃) · 소염(消炎) · 해열(解熱) 작용

*동속식물/칼잎용담, 큰용담

황금(黃芩)-황금

꿀풀과
Scutellaria baicalensis GEORGI.

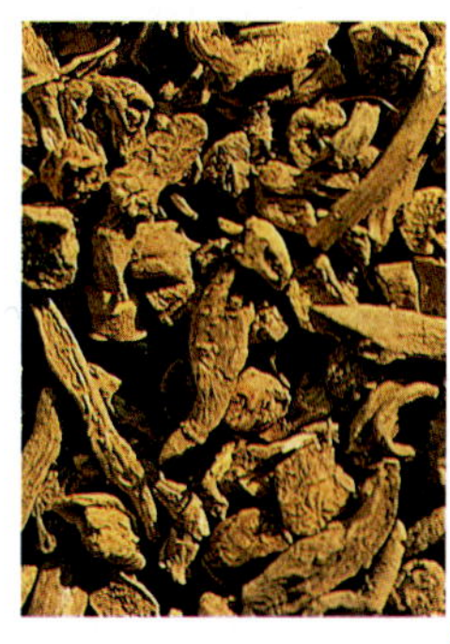

속명/향수수초(香水水草) · 금(芩) · 토금채(土金茱) · 황금다근(黃芩茶根) ·
황금다(黃芩茶) · 속썩은풀 · 황금초
분포지/농가에서 재배한다. 중국 원산
높이/60cm 안팎 · 개화기/7~8월 · 결실기/9월
생육상/여러해살이풀
꽃색/자주색
특징/원줄기는 네모지고 전체에 털이 있다.
용도/식용 · 공업용 · 밀원용 · 약용

효능

뿌리를 농혈(膿血) · 장통(腸痛) · 오림(五淋) · 악창(惡瘡) · 해열(解熱) ·
소염(消炎) · 이질(痢疾) · 지혈(止血) · 황달(黃疸) · 단독(丹毒) · 구토(嘔吐) ·
안태(安胎) · 지사(止瀉) 등의 약으로 쓴다. 해열(解熱) · 이뇨(利尿) ·
항균(抗菌) · 항진균(抗眞菌) · 진정(鎭靜) · 혈압강하(血壓降下) ·
혈당상승(血糖上昇) · 이담(利膽) · 장관운동억제(腸管運動抑制) 작용

내복자(萊菔子)-무

십자화과
Raphanus sativus var. hortensis for. acanthiformis
MAKINO.

속명/나복자(蘿菔子) · 내복(萊菔) · 나백(蘿白) · 자화숭(紫花菘) ·
복초(菔草) · 내복영(萊菔英) · 무우
분포지/채소로 각지의 농가에서 재배한다. 지중해 원산
높이/100cm 안팎 · 개화기/4~5월 · 결실기/5~6월
생육상/두해살이풀
꽃색/연한 자주색, 흰색
특징/뿌리가 굵고 뿌리 윗부분이 줄기이지만 그 경계가 뚜렷하지 않다.
용도/식용 · 약용

효능

씨를 해수(咳嗽) · 소화(消化) · 개선(疥癬) ·
폐염(肺炎) · 기관지염(氣管支炎) · 건위(健胃) ·
거담(祛痰) 등의 약으로 쓴다.
건위(健胃) · 거담(祛痰) 작용

꽃

산자고(山慈姑)-약난초

난초과
Cremastra appendiculata MAKINO.

속명/모자고(毛慈姑)·
변이두견난(變異杜鵑蘭)·
약란·두견난
분포지/제주도 및
거제도·백양산·
두륜산 등지의 숲속
높이/40cm 안팎
생육상/여러해살이풀
개화기/5~6월
꽃색/연한 자줏빛이
도는 갈색
결실기/7~8월
특징/위인경(僞鱗莖)이
땅속으로 얕게 들어가고,
위인경 옆으로 염주(念珠)
같이 뿌리가 연결된다.
용도/관상용·약용

효능

뿌리 줄기(根莖)를
치질(痔疾)·개선(疥癬)·
충독(蟲毒)·이뇨(利尿)·
접골(接骨) 등의 약으로
쓴다. 강심(强心)·
항암(抗癌) 작용

연전초(連錢草)-병꽃풀

꿀풀과
Glechoma hederacea var. grandis KUDO.

속명/금전초(金錢草) · 적설초(積雪草) · 활혈단(活血丹) · 불이초(佛耳草) ·
동전초(銅錢草) · 투골향(透骨香) · 야형개(野荊芥) · 장군덩이
분포지/제주도 및 남부 지방의 낮은 지대 논둑이나 밭둑
높이/60cm 안팎 · 개화기/4~5월 · 결실기/6~7월
생육상/여러해살이풀
꽃색/연한 자주색
특징/곧게 자라다가 점차 옆으로 누워 자라고, 잎이 둥글고
뒷면이 구리색이기 때문에 동전초 · 금전초라 한다.
용도/식용 · 밀원용 · 약용

효능

풀 전체를 말려 조제한 것을 발한(發汗) · 이뇨(利尿) ·
수종(水腫) · 해열(解熱) 등의 약으로 쓴다.
이뇨(利尿) · 결석배출(結石排出) · 이담(利膽) 작용

맥문동(麥門冬)-맥문동

백합과
Liriope platyphylla WANG et TANG.

꽃

속명/맥동(麥冬) ·
승상맥동(蠅狀麥冬) ·
겨우살이풀
분포지/전국의 산과 들
나무 밑 그늘
높이/30~50cm
생육상/여러해살이풀
개화기/5~6월
꽃색/연한 자주색
결실기/8~9월
특징/수염뿌리 끝이
땅콩 모양으로 굵어지는
것을 맥문동이라 한다.
상록성 식물
용도/관상용 · 약용

효능

덩이 뿌리(塊根)를
이뇨(利尿) · 강심(强心) ·
해열(解熱) · 감기(感氣) ·
진정(鎭靜) · 창종(瘡腫) ·
강장(强壯) · 소염(消炎) ·
진해(鎭咳) · 거담(祛痰) ·
심장염(心臟炎)의 약으로
쓴다. 항균(抗菌) 작용

*동속식물/소엽맥문동

만타라엽 (曼陀羅葉) – 독말풀

가지과
Datura stramonium LINNE.

속명/취심화(醉心花) · 구핵도(拘核桃) · 양금화(洋金花) · 다투라잎 ·
풍가아(風茄兒) · 대마자(大麻子) · 취마자(臭麻子) · 풍가화(楓茄花) ·
야마자(野麻子) · 요양화(鬧洋花) · 나팔화(喇叭花) · 취선도(醉仙桃)
분포지/약용 식물로 재배하던 것이 야생(野生)으로 퍼져 나가 자란다.
열대 아메리카 원산
높이/100～200cm
생육상/한해살이풀
개화기/7～9월
꽃색/연한 자주색
결실기/9～10월
특징/굵은 가지가 많이 갈라지고 자줏빛이 돈다.
풀 전체를 건드리면 냄새가 심하게 난다.
용도/관상용 · 밀원용 · 약용

열매

흰독말풀 *Datura metel* LINNE.

열대 아시아 원산으로 약용으로 재배하던 것이 야생상으로
퍼져 나가 자라는 한해살이풀이다. 높이 100cm 안팎이고
굵은 가지가 많이 뻗으며 땅속에 굵은 뿌리가 있다.
6~9월에 흰색 꽃이 피는데 꽃은 밤에 핀다.

효능

잎과 씨를 천식(喘息) · 마취(麻醉) · 진통(鎭痛) · 탈항(脫肛) ·
각기(脚氣) · 경풍(驚風) · 간질(癎疾) · 진정(鎭靜) · 나병(癩病) ·
진해(鎭咳) 등의 약으로 쓴다.
중추신경흥분(中樞神經興奮) · 마비(麻痺) · 안압항진(眼壓亢進) ·
기관지이완(氣管支弛緩) · 분비억제(分泌抑制) · 경변완화(痙變緩和) ·
장운동촉진(腸運動促進) 작용

박하(薄荷)—박하

꿀풀과
Mentha arvensis var. piperascens MALINV.

246

속명/박하엽(薄荷葉) ·
소박하(蘇薄荷) ·
구박하(歐薄荷) ·
야인단초(野仁丹草) ·
인단초(仁丹草) ·
남박하(南薄荷) ·
야식향(野息香) ·
토박하(土薄荷) ·
어향초(魚香草) ·
어향채(魚香菜)
분포지/각지의 들녘
길가 습기 있는 곳
높이/50cm 안팎
생육상/여러해살이풀
개화기/7~9월
꽃색/연한 자주색
결실기/9~10월
특징/줄기는 둔하게
네모지며 잎과 더불어
털이 약간 있다.
방향성 식물
용도/식용 · 공업용 ·
밀원용 · 약용

잎

효능

지상부 줄기와 잎을 곽란(癨亂)·혈리(血痢)·타박상(打撲傷)·
구토(嘔吐)·소화(消化)·지사(止瀉)·건위(健胃)·발한(發汗)·
지혈(止血)·진양(鎭癢)·비염(鼻炎)·진통(鎭痛)·풍열(風熱)·
결핵(結核)·십이지장충구충(十二指腸蟲驅蟲)·방부제(防腐劑)·
구풍(驅風)·위경변(胃痙變)·장통(腸痛)·치통(齒痛)·소독(消毒)·
청량제(淸凉劑)·교취(矯臭)·편두통(扁頭痛) 등의 약으로 쓴다.
소염(消炎)·진통(鎭痛)·건위(健胃)·지양(止癢) 작용

번홍화(番紅花)-사프란

붓꽃과
Crocus sativus LINNE.

248

속명/서홍화(西紅花) ·
장홍화(臟紅花) · 사후란 ·
크루쿠스 · 크로커스
분포지/각지에서 원예
식물로 심는다. 유럽 및
소아시아 원산
높이/15cm 안팎
생육상/여러해살이풀
개화기/10~11월
꽃색/연한 자주색,
노란색, 흰색
결실기/11월
특징/땅속의
둥근 뿌리(球根)가
편구형(扁球形)이다.
용도/관상용 · 공업용 ·
약용

효능

암술대와 암술머리
조제한 것을 진정(鎭靜) ·
통경(通經) · 건위(健胃)
등의 약으로 쓴다.
활혈거어(活血祛瘀) 및
통경량혈해독
(通經凉血解毒)의 효능

사삼(沙參)－잔대

도라지과
Adenophora triphylla var. japonica HARA.

꽃

속명/양유(羊乳) ·
윤엽사삼(輪葉沙參) ·
백마육(白馬肉) ·
남사삼(南沙參) ·
제니(薺苨) · 층층잔대
분포지/전국의 산지에서
자라고, 근래에는
농가에서 재배도 한다.
높이/40~120cm
생육상/여러해살이풀
개화기/7~9월
꽃색/남색이 도는 자주색,
남색이 도는 청색
결실기/10월
특징/땅속의 뿌리가
굵고 전체에 잔털이 있다.
용도/식용 · 관상용 · 약용

효능

뿌리를 경기(驚氣) ·
한열(寒熱) · 익담(益膽) ·
해독(解毒) · 거담(祛痰)
등의 약으로 쓴다.
거담(祛痰) 작용

*동속식물/털잔대, 수원잔대,
모시대, 나리잔대, 두메잔대

지모(知母)-지모

백합과
Anemarrhena asphodeloides BUNGE.

속명/비지모(肥知母) · 안판자초(蒜瓣子草) · 토자유초(兎子油草) · 모지모(毛知母) · 양호자근(羊胡子根) · 산구채(山韭菜) · 지삼(地參) · 연모(連母) · 서능지모(西陵知母) · 도근초(倒根草) · 광지모(光知母) · 침범
분포지/중부 · 북부 지방의 산과 들에 자라고, 약용으로 재배도 한다.
높이/60~90cm
생육상/여러해살이풀
개화기/6~7월
꽃색/연한 자주색
결실기/8월
특징/뿌리 줄기(根莖)가 굵고 옆으로 뻗는다.
용도/관상용 · 약용

꽃

효능

뿌리 줄기를 발한(發汗) · 진통(鎭痛) · 이뇨(利尿) ·
신경통(神經痛) 등의 약으로 쓴다. 해열(解熱) ·
항균(抗菌) · 진정(鎭靜) · 거담(祛痰) 작용

길경(桔梗)-도라지

도라지과
Platycodon grandiflorum (JACQ.) A. DC.

줄기와 잎

속명/백길경(白桔梗) ·
명엽채(明葉菜) ·
고길경(苦桔梗) ·
도랍기(道拉基) ·
사엽채(四葉菜) ·
대약(大藥) · 질경 ·
화상두(和尙頭) ·
경초(梗草) · 백약(白藥) ·
영당화(鈴鐺花) ·
포복화(包複花) ·
길경근(桔梗根) ·
백도라지 · 산도라지
분포지/전국의 산과 들
대개는 산기슭
높이/40～100cm
생육상/여러해살이풀
개화기/7～8월
꽃색/남색이 도는 청색,
흰색
결실기/10월
특징/땅속의 뿌리가
굵고 원줄기를 자르면
흰 유액(乳液)이 나온다.
용도/식용 · 관상용 · 약용

뿌리

효능

뿌리를 편도선염(扁桃腺炎)·복통(腹痛)·지혈(止血)·
늑막염(肋膜炎)·해수(咳嗽)·인통(咽痛)·거담(祛痰)·
천식(喘息)·보익(補益) 등의 약으로 쓴다.
거담(祛痰)·진해(鎭咳)·항백선균(抗白癬菌) 작용

사간(射干)-범부채

붓꽃과
Belamcanda chinensis (L.) DC.

254

꽃

속명/연미(燕尾)·
자호접(紫蝴蝶)·
산포선(山蒲扇)·
산대도(山大刀)·
자양강(紫良姜)·
냉수화(冷水花)·
금사호접(金絲蝴蝶)·
마미선자(馬尾扇子)·
초강(草姜)·편죽(扁竹)
분포지/전국의 산과
들에 자랐으나 지금은
관상용으로 재배한다.
높이/50~100cm
생육상/여러해살이풀
개화기/7~8월
꽃색/노란빛 도는 붉은
바탕에 짙은 색
반점(斑點)이 있다.
결실기/10월
특징/뿌리 줄기(根莖)가
옆으로 뻗고 잎이 좌우
두 줄로 퍼져 부채살
모양이다.
용도/관상용·약용

열매

효능

뿌리 줄기를 소염(消炎) · 진해(鎮咳) · 편도선염(扁桃腺炎) ·
진통(鎮痛) · 폐염(肺炎) · 해열(解熱) · 각기(脚氣) · 아통(牙痛) ·
진경(鎮痙) · 완화(緩和) 등의 약으로 쓴다.
소염(消炎) · 이뇨(利尿) · 거담(祛痰) · 항진균(抗眞菌) 작용

누로(漏蘆) – 절굿대

국화과
Echinops setifer ILJIN.

256

속명/분취아재비 ·
강모람자두(剛毛藍刺頭) ·
개수리취 · 둥둥방망이 ·
절구대
분포지/전국의 산 초원
및 숲 가장자리의 양지
바른 곳
높이/100cm 안팎
생육상/여러해살이풀
개화기/7~8월
꽃색/남색이 도는 자주색
결실기/10월
특징/꽃이 여러 개가 모여
둥근 방망이같이 피며,
가지가 약간 갈라지고
흰털로 덮여 있어 전체가
솜으로 덮인 것 같다.
용도/식용 · 약용

꽃

효능

풀 전체 및 뿌리를 회충(蛔蟲) · 하리(下痢) · 창종(瘡腫) · 통유(通乳) ·
인후염(咽喉炎) · 토혈(吐血) · 간염(肝炎) · 보혈(補血) · 배농(排膿) ·
생기(生肌) · 수렴(收斂) · 진해(鎭咳) · 임질(淋疾) · 조경(調經) ·
지혈(止血) · 고혈압(高血壓) · 기관지염(氣管支炎) · 폐염(肺炎) ·
해열(解熱) · 황달(黃疸) · 양모(養毛) · 발모(發毛) 등의 약으로 쓴다.
소변불리(小便不利) · 옹종악창(癰腫惡瘡) 작용

아마인(亞麻仁)－아마

아마과
Linum usitatissimum LINNE.

258

속명/호마(胡麻) · 산서호마(山西胡麻) · 료독초(療毒草)
분포지/농가에서 재배한다. 중앙 아시아 원산
높이/30~100cm
생육상/한해살이풀
개화기/6~7월
꽃색/푸른빛 도는 자주색
결실기/9월
특징/섬유 식물로 원줄기가 가늘고 연약하다.
용도/식용 · 관상용 · 공업용 · 약용

효능

씨를 화상(火傷) · 임질(淋疾) · 완화(緩和) 등의 약으로 쓴다.

약 이름 찾아보기

식물 이름 찾아보기